別成為公司負面壓力的存在,

被「開除」的老闆

蔡賢隆,金躍軍 著

別怪員工不認真

吝嗇投資、完美主義、緊迫盯人、過度干涉

> 領導不只是管理,激發潛能引領方向
> 授權不只是放手,信任合作凝聚力量
> 績效不只是數字,提升士氣持續成長

強硬命令員工根本不服氣,太過溫和又被踩在腳底?
拋去那些過時的管理模式,看看大企業都怎麼經營!

目錄

前言

第一章　平凡人，做不凡事

- 010　圓滿員工考核的 360 度攻略
- 015　三步搞定：如何進行績效評估
- 019　持續對話，績效管理就是這麼簡單
- 023　士氣探測器：績效精神的核心力量
- 027　化解尷尬：你能搞定績效面談嗎？
- 035　避免影響：主管對績效評估的反作用力

第二章　零死角員工培養計畫

- 040　千萬別省，人才培養的「銀兩」該花
- 042　單一方式 OUT，培養人才多元化才是王道
- 045　挖掘黃金：發掘人才的重要性
- 048　領導者的 11 條黃金法則，打造超強員工
- 052　敬業精神，培養員工的第一要務
- 060　向優秀學習，改善工作現狀的利器

| 064 | 激發創造力，讓員工擁有成就感 |
| 068 | 職業規劃助手：助力員工未來發展 |

第三章　領軍不如領一人，授權的藝術

074	別不相信，授權好處多多
077	到了放手的時候，就大膽放權
079	瑣事交給下屬，自己掌控大局
082	給了權力就要充分重視
085	合適的工作配合適的人
089	成為「用人哲學家」
093	放權後，記住別再干涉
097	授權也是門學問，要講究策略

第四章　團隊合作，贏得企業接力賽

102	執行力是一種職責，非執行不可
106	執行文化，成為行為準則的基石
108	從理念到文化：如何讓他們心悅誠服
116	成功公式：平凡人 × 明星員工＝卓越企業
121	與高層好聚好散：你必須懂的「分別學」
123	不要迷信「外來的和尚」

127	相馬不如賽馬，選才不如試才
130	別當眾拆臺：管理高層要知悉心理
133	水桶原理：解讀團隊弱點

第五章　壓力與動力間的平衡術

138	員工壓力何來
144	測試：診斷員工壓力點
162	五大施壓法則，適度施壓的關鍵
170	鼓舞人心的遠景規劃，提升士氣
175	學沃爾瑪：培養員工如呵護花園
181	愛立信式的職業精神與相互尊重
187	PSP 管理理念：聯邦快遞的成功法寶

第六章　打鐵還需自身硬，領導力升級

194	優秀領導力的三大表現
202	非凡領導者的五大特質
206	沃爾頓的走動管理：不待在辦公室裡
210	品格領袖：用你的人格魅力震撼團隊
213	凝聚力爆表的老闆：你也能做到
217	涵養的真諦：如何做一個沉穩主管

221	心理素養好,團隊才安心
225	領導者要做榜樣:「照我做的做」

第七章　前後左右皆暢通的團隊運作

230	員工衝突是無法避免的課題
247	掌握原則與技巧,完美處理矛盾
265	有效解決衝突的實用方法
272	正確對待各種衝突,積極應對才是關鍵
281	個別談話,修補上下級關係
286	員工抱怨要及時處理,別讓小問題變大麻煩

前言

一個公司便是一個小世界,老闆與員工的關係便猶如船與水的關係,那麼,企業的領導者如何選擇、對待員工,才能達到水漲船高呢?這便是本書將要給出的答案。

隨著員工在現代企業中的地位及重要性的日益提高,如何更好地善待、管理員工便迫切地被提到議程上來。有的企業或公司的領導者對員工十分苛刻,他們以為藉此可以控制一切,從表面上看員工如「跳不出如來佛手掌心的孫猴子」,他們心裡也暗自得意。殊不知,你對員工不好,員工表面上迫於高壓表現得服從,但與生俱來的反抗性卻在心裡鼓動著他,某一方面丟失了的東西,要在其他方面找回來,比如暗中搗亂、故意破壞工作進程、轉嫁情緒影響他人工作等等,所以,最終受損失的還是企業。因此說,你要善待你的員工,否則笑到最後的絕不是你。

善待員工,不僅要從道義上給予員工以「善」,還要從方法上將管理之道適當地灌輸到員工的腦海中,讓員工跟領導一個心思地工作。這才是最佳的員工管理方式。

你的員工需要知道組織代表著誰的利益和組織相信什

前言

麼。什麼是真正重要的？做哪些事情才能夠得到提升？什麼會導致員工被解僱？他們並不希望得到一長串的規章和法則，也不希望公共關係部和人力資源部發出長篇大論。他們只需要樸實無華的事實。

本書中列舉了大量正確對待員工的企業的成功案例，也總結了不諳此道的企業的失敗教訓。這些真實而令人信服的案例表明：以正確的態度對待員工，令員工滿意會帶來豐厚的回報。

善待員工不應是「亡羊補牢」的舉措，而是決定企業成敗，應該事先策劃的經營策略之一。

本書從使平凡的人做出不平凡的事；全方位培養員工，不留死角；指揮三軍，不如指揮一人；大家齊努力，才會贏得接力賽；在員工在壓力與動力之間行走；打「鐵」須得自身硬；使前後左右都暢通等七方面，對如何藝術地管理、善待員工進行了論述。每一方面都是世界著名管理大師提出的最重要的員工培訓準則，而這些準則也成為許多知名公司奉為圭臬的理念和價值觀。

本書力求在理論上做到條分縷析，在實踐上也盡可能為管理者提供確實可行的方法，以幫助管理者更有效地實行以人為本的管理，最終解決根本問題。你的員工是否尊重你、信賴你，願意與你同心同力，相信你透過對這本書的閱讀，就能明瞭了。

第一章
平凡人，做不凡事

倘若天才鳳毛麟角，組織不能僅僅依賴天才。組織的目的是使平凡的人做出不平凡的事，組織的任務是透過績效考核看出差距，形成競爭，進而達到一種有效的溝通。

第一章　平凡人，做不凡事

圓滿員工考核的 360 度攻略

在一個企業或公司中，為了能使員工更加明確工作的進度、效果和目標，就需要對員工進行績效管理。

那麼，績效管理是什麼？績效管理是一個持續的交流過程，該過程是由員工和他們的直接經理之間達成的協議保證完成的，並在協議中對下面有關的問題提出明確的要求和規定：

- 員工完成的實質性的工作職責；
- 員工的工作對公司目標實現的影響；
- 以明確的條款說明「工作完成得好」是什麼意思；
- 員工和經理之間應該如何共同努力以維持、完善和提高員工的績效；
- 工作績效如何衡量；
- 指明影響績效的障礙並將其排除。
- 績效管理可以達到以下目標：
- 使你不必介入到所有正在進行的各種事務中；
- 透過賦予員工必要的知識來幫助他們進行合理的自我決策，從而節省你的時間；

圓滿員工考核的 360 度攻略

- 減少員工之間因職責不明而產生的誤解；
- 減少出現當你需要資訊時沒有資訊的局面；
- 透過幫助員工找到錯誤和低效率的原因來減少錯誤。

有一家網路公司，它的員工考核主要分為兩個方面，一方面是員工的行為，另一個是績效目標。每個員工在年初就要和經理定下當年最主要的工作目標是什麼。

以前這家網路公司是每年定一次目標，現在發展的速度變快，市場的變化也加劇，所以該網路公司對員工的考核是隨時的，經常會對已定的目標進行考核和調整。

每個員工除了和自己的經理定目標，還有可能與其他部門一起合作做專案，許多人都會參加到同一個專案裡。

所以一個員工的業績考核不是一個人說了算，不是一個方面能反映，而是很多方面的回饋。除了自己的經理外，還有很多同事，下屬的評價，這就是 360 度考核。

對員工的行為和目標的考核因為是經常性的，員工在工作中出現什麼不足，會從周圍人和經理那裡獲得資訊，所以一般不會出現到了年終總結時，考核結果會讓員工非常驚訝的情況，最多是有些不同看法。經理會與員工進行溝通，力求評估能夠讓員工對自己有一個積極正確的認識，並對評估表示認可。

第一章　平凡人，做不凡事

其實，績效管理是一種讓你的員工完成他們工作的提前投資。透過績效管理，員工們將知道你希望他們做什麼，可以做什麼樣的決策，必須把工作做到什麼樣的地步，何時你必須介入。這將允許你去完成只有你才能完成的工作，從而節省你的時間。

績效管理要求定期舉行提高工作品質的座談會，從而使員工得到關於他們工作業績和工作現狀的回饋。有了定期的交流，到年底時他們就不會再吃驚。由於績效管理能夠幫助員工弄清楚他們應該做什麼和為什麼要這樣做，因此它能夠讓員工了解到自己的權力大小——進行日常決策的能力。總之，員工將會因為對工作及工作職責有更好的理解而受益，如果他們知道自己的工作職責範圍，他們將會盡最大努力施展自己的才能。

但是，為什麼還有好多人迴避績效管理呢？沒有時間嗎？

有一種回答的理由是沒有時間。確實，績效管理需要時間。但是當經理以沒有時間為藉口時，說明他們對績效管理能回報什麼沒有搞清楚。對績效管理的一個普遍的誤解是認為它是「事後」討論，目的是抓住那些已犯錯和績效低下的問題。這實際不是績效管理的核心。它不是以反光鏡的形式來找你的不足，它是為了防止問題發生，找出通向成功的障

礙，以免日後出現不必要的損失。

績效計畫過程結束後，經理和員工應該能以同樣的答案回答下列問題：

- 員工本年度的主要職責是什麼？
- 我們如何判斷員工是否取得了成功？
- 如果一切順利的話，員工應該何時完成這些職責（例如對某一個特定的專案而言）？
- 員工完成任務時有哪些權利？
- 哪些工作職責是最重要的以及那些是次要的？
- 員工工作的好壞對部門和公司有什麼影響？
- 員工為什麼要從事他做的那份工作？
- 經理如何才能夠幫助員工完成他的工作？
- 經理和員工應如何克服障礙？
- 員工是否需要學習新技能以確保完成任務？

而在績效管理中，績效溝通又是必不可少的。績效溝通就是一個雙方追蹤進展情況，找到影響績效的障礙以及得到使雙方成功所需資訊的過程。持續的績效溝通能保證經理和員工共同努力以避免出現問題，或及時處理出現的問題，修訂工作職責。

對此，常用的方法是：

第一章　平凡人，做不凡事

- 每月或每週和每名員工進行一次簡短的工作進度會議；
- 定期召開小組會，讓每位員工匯報他完成任務和工作的情況；
- 每位員工定期進行簡短的書面報告；
- 非正式的溝通（例如經理到處走動並和每位員工聊天）；
- 當出現問題時，根據員工的要求進行專門的溝通。

需提醒的是，如果你做的全部都是績效評價，也就是說沒有做計畫、沒有持續的溝通、沒有收集資料和分析問題，那麼你就是在浪費時間。績效評價不僅僅是評估工作，它也是一個解決問題的機會。

如果發現了某種問題，不管是某一位員工沒有達到議定的目標，還是一個部門沒有完成任務，最重要的就是找到原因。不找到原因，怎麼能阻止它再次發生呢？例如：某員工的幾個指標沒有完成，可能是多種原因造成的：是技術水準不夠，工作不夠努力，還是沒有組織好？有時也許和員工本人沒有任何關係。會不會是組織內部有人不提供必需的資源？會不會是缺少原材料？會不會是經理本人都不清楚應該做什麼？

因此，問題分析非常重要，而且它應該被貫徹到績效管理的整個過程中的每個環節中。這才能實現真正有效的績效管理。

三步搞定：如何進行績效評估

為了與員工更好地進行溝通，以做到公平、公正、合理的競爭，因此，對員工的績效考核就成為一項重要活動。

◆ **第一步：量化考核標準**

進行績效考核，首先當然要確定一個標準，作為分析和考察員工的尺度。這個標準一般可分為絕對標準、相對標準和客觀標準。

絕對標準是以出勤率、不良率、文化程度等客觀現實為依據，而不以考核者或被考核者的個人意志為轉移的標準。

相對標準是採取相互比較的方法，此時每個人既是被比較的對象，又是比較的量尺，因而標準在不同的群體中往往就有差別。比如規定每個部門有兩個升遷名額，那麼工作優秀者將會在這種比較過程中評選出來。

客觀標準則是評估者在判斷員工工作績效時，對每個評定的專案在基準上給予定位，以幫助評估者作評價。

制定績效考核標準時，要針對不同職位的實際情況，而對不同職位制定不同的考核參數，而且盡量將考核標準量

第一章　平凡人，做不凡事

化、細化，多使用絕對標準和客觀標準，使考核內容更加明晰，結果更為公正，同時，公布考核標準並使之得到員工認可，避免黑箱作業。

◆ 第二步：讓每一位員工都參與進來

如果績效考核只是老闆「考」員工的工具，就毫無意義可言。

績效考核最重要的一點就是讓每一位員工都參與進來，在接受他人考評的同時，不僅可以對自己的工作進行考評，同時還可以考評同事和上級，做到考核面前人人平等，每個人都有評定和說話的權利。

由於績效考核與薪酬、獎金和晉升機會等員工切身的利益息息相關，因此受到員工的特別關注。如果考核結果與員工的實際付出相差甚遠，不但不能讓員工心悅誠服，還容易引起內部矛盾，甚至引發勞資糾紛；而要做到公正客觀，最重要的就是讓員工積極參與進來。

績效考核形式主要有上級評議、同級同事評議、自我評議等。管理人員要透過下級評議，而客戶服務等特殊職位還可以增設外部客戶評議等形式。這樣，大家在給同一個人打分的過程中，會因為一些明顯的分歧而進行討論、溝通，特別是上級與下屬之間，透過溝通交流最後達成共識，不僅是

對以往工作的總結，也有利於以後更好地合作，統一想法與步伐。

◆ **第三步：讓績效考核真正產生績效**

企業進行績效考核的目的，一方面，是鼓勵員工繼續發揮和提高工作能力，豐富知識和技能，並實現優勝劣汰；另一方面，是透過企業層面上的績效考核和員工與團隊層面上的績效考核來幫助員工、團隊和整個組織的能力發展。要實現企業和員工個人之間、團隊與個人之間以及團隊與企業之間的「雙贏」關係，加強考核後的回饋與溝通勢在必行。

企業或公司應透過考核，全面評價員工的各項工作表現，使員工了解自己的工作表現與取得報酬、待遇的關係。獲得努力向上改善工作的動力，並根據考核結果評定獎金、薪酬等。但最重要的是，讓員工有機會參與公司管理流程，發表自己的意見，並在考核的基礎上改進工作中的不足。

公司或企業要根據員工當前的績效水準和工作表現中不盡人意之處提供各類培訓，同時還有必要找出根本原因，是能力有限還是工作態度不佳，或是其他客觀條件導致了工作績效不盡如人意。為了掌握這些情況，公司必須根據考核結果與員工進行一對一交流，給予建議的同時，也傾聽員工的想法。

第一章　平凡人，做不凡事

　　只有做好了考核後回饋交流這道程式，才能讓績效評估不僅幫助企業更有效地了解員工動態，提高工作效率；對於員工個人來說，還可以幫助其進行決策，是否改變自己的職業選擇。這些都能贏得員工的信任和尊重，也能很好地展現對員工實行以人為本的管理理念。

持續對話，
績效管理就是這麼簡單

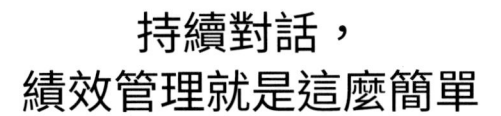

績效管理是一種幫助員工完成他們的工作的管理手段。透過績效管理，員工們可以知道上級希望他們做什麼，自己可以做什麼樣的決策，必須把工作做到什麼樣的程度，何時上級必須介入，從而為管理者節省時間。

在業績考核制度的實施過程中，企業管理與人力資源中心在考核中設立了三級考評體系，使被考核人由直接領導進行考核，同時又受到間接領導和企業領導與人力資源中心的雙重審核監督；並且整個執行過程是一個被考核人始終與上級領導相互溝通，上下級之間相互交換意見的過程。

此外，企業管理與人力資源中心又建立了嚴格的投訴制度，為績效考核管理的客觀公正提供了進一步的保障。

A公司的績效考核體系包括每月的MBO（目標管理）評估（被評估人：全體員工）、季度優秀員工評選、年終考核（被評估人：中、高層管理人員）和年度優秀經理評選（對象：部門經理）等。其中每月一次的MBO評估是基礎。

績效考核有兩個目的，一是提高整體績效水準。評估應

第一章　平凡人，做不凡事

是有建設性的，有利於個人的職業發展；二是對員工進行甄別與區分，使優秀人才脫穎而出，對大多數人要求循序漸進，同時淘汰不合適的人員。

A 公司從形式上有一個很正規的「三聯單」式的 MBO 計畫書。每個員工每月都要與其直接領導者溝通，共同確定自己下一個工作目標（逐項量化），並對上個月的完成情況進行打分。最後形成的這套一式三份的計畫書由員工本人、其直接領導者和人力資源部各執一份。MBO 的評估結果與當月獎金直接連繫。如果 MBO 所列的各項目標全部完成，該員工即可得到相當於其基本薪資 40% 的獎金。

比如：A 公司的某位員工負責一個公關客戶，他為了維護好這個客戶，這個月要對其進行十次訪問，要拜訪一些媒體，要打電話，要發傳真等等。這些在 MBO 中都不會提及。管理者只看一項指標，就是客戶服務的品質，而這個以客戶的評價為標準。如果客戶不認可，員工做了什麼都沒用。

應該看到，考核制度自推廣實施以來，取得了顯著的效果。一方面，員工個人對集團公司、本部門以及個人的工作目標都有了清楚的認知，從而使工作職責更加清楚，工作重點更加明顯，改變了以前職責不清、重點不明的狀況，提高了個人的工作效率和業績，促進了整體業績的提高。

另一方面，領導者也清楚了在哪些方面應該給下屬必要

的指導，在哪些方面應該下放職權，讓下屬充分發揮自己的才能，出色地完成本職工作，從而使領導者有更多的時間和精力掌握好全域。

然而，在績效管理過程中，一部分員工對績效管理有疑問和誤解。例如：

- 績效考核是不是就是簡單填表、交表？
- 績效考核是不是就是為了找員工的不足與缺陷？
- 績效管理到底是什麼，又不是什麼？

對於這些，作為領導者應給予明確的答覆：績效管理是一個持續的溝通過程。這個過程是透過員工和他或她的上級之間達成的業績目標來保證完成的。績效管理對員工既定的工作職責，員工的工作對公司實現目標的影響，員工和上級之間應如何共同努力以維持、完善和提高員工的績效，工作績效如何衡量，如何排除影響績效的障礙等方面有明確的要求和規定。

但需要強調的是，績效管理是上級與員工一起完成的，並且最好是以共同合作的方式來完成。因為它對員工本身、上級和組織都有益。績效管理是一種防止績效不佳和共同提高績效的工具，它意味著上級和員工之間持續的雙向溝通，其中包括聽和說兩個方面，它是雙方共同學習和提高的過

第一章　平凡人，做不凡事

程。因此，整個績效考核的一個核心工作就是溝通。

這就很清楚了，績效管理絕對不是管理者對員工的單向工作，也絕對不是迫使員工更好或更努力工作的鞭子，更絕對不是只在績效低時才使用的懲罰工具，它是兩方面持續的溝通過程。

既然績效管理是一個與員工合作完成的過程，那麼它對員工有什麼益處呢？

由於員工在工作中有很多煩惱：他們不了解自己是工作得好還是不好；不知道自己有什麼樣的權力；工作完成很好時沒有得到認可；沒有機會學習新技能；自己不能做任何簡單的決策；缺乏完成工作所需要的資源等等。

而績效管理就可以解決這些問題，從而大大提高員工的工作效率。

綜上所述，績效管理作為一個有效的管理工具，它提供的絕對不僅僅是一個懲罰手段。它更重要的意義在於為公司提供了一個信號，一個促進工作改進和業績提高的信號。

士氣探測器：
績效精神的核心力量

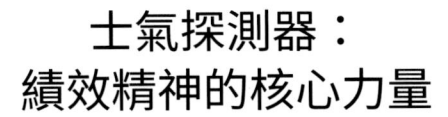

　　考察一個組織是否優秀，要看其能否使平常人取得比他們看來所能取得的更好的績效，能否使其成員的長處都發揮出來，並利用每個人的長處來幫助其他人取得績效。組織的任務還在於使其成員的缺點相抵消。

　　績效精神要求每個人都充分發揮他的長處。重點必須放在一個人的長處上──放在他能做什麼，而不是他不能做什麼上。組織的「士氣」並不意味著「人們在一起相處得好」，其檢驗標準應該是績效。如果人際關係不以達到出色績效為目標，那麼實際上就是不良的人際關係，是互相遷就，並會導致士氣萎靡不振。

　　美國著名的奇異公司（GE）完善的管理、輝煌的業績，使其得到全球範圍的尊敬，被評為：全球最受尊敬的公司；美國最大財富創造者；全球最受推崇的公司；最大一百家公司首位；世界超級一百家公司首位。奇異公司總裁威爾許被譽為「世界經理人」。

　　奇異的管理之道，一直被人們奉為管理學的圭臬，奇異

第一章　平凡人，做不凡事

的考核制度則是其管理典籍中的重要篇章。以中國分公司為例，考核內容包括「紅」和「專」兩部分。「專」是工作業績，指其硬性考核部分；「紅」是考核軟體的東西，主要是考核價值觀。這兩個方面綜合的結果就是考核的最終結果，可以用二維座標來表示。

奇異的年終目標考核有四張表格。前三張是自我評定，其中第一張是個人學歷紀錄；第二張是個人工作紀錄（包括在以前的公司的工作情況）；第三張是對照年初設立的目標自評任務的完成情況。根據一年中的表現，取得的成績，對照奇異的價值觀、技能要求等，確立自己哪方面是強項，哪些方面存在不足，哪些方面需要透過哪些方式來提高，需要得到公司的哪些幫助，在未來的一年或更遠的將來有哪些展望等。原任總裁威爾許在當年剛加入奇異時，就在他的個人展望中表達了他要成為奇異全球總裁的願望。第四張是經理評價。經理在員工個人自評的基礎上，參考前三張員工的自述，填寫第四張表格。

經理填寫的鑑定必須與員工溝通，取得一致的意見。如果經理和員工有不同的意見，必須有足夠的理由來說服對方；如果員工對經理的評價有不同的意見，員工可以與經理溝通但必須用事實來說話；如果員工能夠說服經理，經理可以修正其以前的評價意見；如果雙方不能取得一致，將由上一級

經理來處理。在相互溝通、交流時必須用事實來證明自己的觀點，不能假以任何主觀臆斷的理由。

考核結果的應用。考核的目的是為了發現員工的優點與不足，激勵與提高員工有效地提高組織的效率，考核的結果與員工第二年的薪酬、培訓、晉升、調職等利益相關。

員工的綜合考核結果在二維表中不同區域時的處理：

當員工的綜合考核結果在第四區域時，即價值觀和工作業績都不好時，處理非常簡單，這種員工只有走人。

當員工的綜合考核結果在第三區域時即業績一般但價值觀考核良好時，公司會保護員工，給員工第二次機會，包括調職、培訓等。根據考核結果制定一個提高完善的計畫，在三個月後再根據提高計畫考核一次，在這三個月內員工必須提高完善自己、達到目標計畫的要求；如果三個月後的考核不合格，員工必須離開。當然這種情況比較少，因為人力資源部在招聘時已經對員工做過測評，對員工有相當的掌握與了解。

當員工的綜合考核結果在第二區域時，即業績好但價值觀考核一般時，員工不再受到公司的保護，公司會請他走。當員工的綜合考核結果在第一區域時，即業績考核與價值觀考核都優秀，那他（她）就是公司的優秀員工，將會有晉升、加薪等發展的機會。

第一章　平凡人，做不凡事

考核的時間。全年考核與年終考核結合，考核貫穿在工作的全年。對員工的表現給予及時的回饋，在員工表現好時及時給予表揚肯定，表現不好時及時與其溝通。

企業要想培養績效精神，應在以下幾個方面付諸實踐：

- 其一，在有關人的各項決定中，管理層必須表明，正直是一個經理人所應具備的唯一的絕對條件，同時，管理層也應表明它對自己也同樣地提出公正這個要求。
- 其二，組織的重點必須放在績效上。對企業和每個員工來說，組織精神的第一要求就是績效的高標準。但績效並不意味著「每次都成功」，而是一種「平均成功率」，其中允許有錯誤甚至失敗。但不允許自滿與低標準。
- 其三，有關人的各項決定，如職位、薪資報酬、提升、降職和離職等，都必須表明組織的價值觀和信念。它們是組織的真正的控制手段。
- 其四，組織的重點必須放在機會上，而不是放在問題上。

化解尷尬：
你能搞定績效面談嗎？

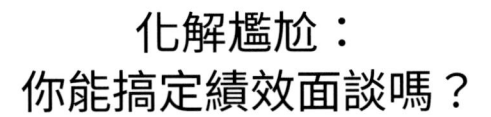

如果企業對員工只做考評而不將結果回饋給被評估者（員工），考評就失去了它的激勵、獎懲和培訓的特有功能。回饋的主要方式就是績效面談，因為只有透過績效面談，才可能讓評估者了解自身績效，強化優勢，改進不足，同時亦將企業的期望、目標和價值觀一起傳遞，形成價值創造的傳導和放大。

確實，績效面談往往是經理和員工都頗為頭痛的一件事。因為績效面談主要是上級考評下級在績效上的缺陷，而面談結果又與隨後的績效獎金、等級評定有關，一旦要面對面地探討如此敏感和令人尷尬的問題，給雙方帶來的可能是緊張乃至人際衝突。正因為如此，績效面談常常是比較難談的。

主要展現在以下幾個方面：

◆ **考核標準本身比較模糊，面談時容易引起爭執**

有一些企業用一張考核表考核所有的員工，沒有根據工作的具體特點，有針對性地考核，評估標準的彈性較大。這樣往往導致上下級對考核標準和結果認知上存在偏差，公說

公有理，婆說婆有理，甚至可能形成對峙和僵局。這樣面談不僅解決不了問題，反而給雙方今後的工作帶來麻煩。

◆ 員工害怕遭報復和懲罰

面談過程中經常出現的情況是：要嘛員工對績效考核發牢騷，誇大自己的優勢，淡化自己的不足；要嘛是保持沉默，經理說什麼就是什麼。這樣雖經過面談，經理對下屬的問題和想法還是不了解。

◆ 經理以自我為中心，高高在上

面談時一些經理要嘛喜歡扮演審判官的角色，傾向於批評下屬的不足；要嘛包辦談話，下屬只是聽眾的角色。這樣造成員工對面談產生畏懼，績效面談往往也就演變成了批評會、批鬥會，員工畏於經理的權力，口服心不服。

◆ 有些經理老好人傾向嚴重，怕得罪人

這樣的結果是打分非常寬鬆，每一個人的分數都很高，績效面談成了大家都好的走過場，讓下屬覺得面談沒有實際作用。

◆ 經理心胸狹窄，處事不公，以個人好惡作為評估標準

優秀的員工往往不拘小節，而一些經理拚命揪其「小辮子」不放，致使員工更加牴觸，雙方矛盾日深。

◆ 面談時籠統的就事論事，沒有提出針對性的改進意見

讓員工感到工作照舊，自己仍不清楚今後努力的方向，感覺面談無用，甚至是浪費時間。

面談起爭執或員工抵制面談，與績效制度設計不完善有直接關係；而面談沒有效果或變成批鬥會，則與經理缺乏面談技巧有關。多種因素相互影響牽連，導致面談不能成功。因此，需要從制度和技術層面同時入手，雙管齊下，才能有效解決績效面談中存在的困難。

作為管理者，你的考核制度完善嗎？員工對面談的不滿，很大原因是對考核不滿。

因此，做好面談，從制度層面要做好以下幾項工作：

◆ 完善業績管理體系

擬定出明確的職位說明書，使每個人的職責清晰；針對職責，使每個人都有明確的目標，考核依據目標制定；目標達成與否與薪酬、晉升直接連動；針對員工考核弱項要有相應的培訓輔導，而不是撒手不管；考核投訴管道要暢通，員工受到不公正的評價有冤可訴。這樣整個體系形成閉環，環環相扣，企業目標和個人努力緊密結合。

此外，要讓員工了解企業的業績管理體系，宣傳貫徹和培訓非常重要。

第一章　平凡人，做不凡事

要讓員工了解到：企業對他的期望是什麼，他應該怎樣發展才符合企業的要求，怎樣做會受到獎勵或處罰。而績效面談給了他一個客觀認識自我的機會，讓他了解自己的業績與組織期望之間的差距，使他有努力和前進的方向，有意識地彌補自己的短項。業績管理體系的建設和宣傳貫徹，最終目的是統一「考核是手段，發展是目的」這一認識。考核和面談是幫助個人和組織提高對績效的認知。這樣公司上下才會把制度刻在腦海裡，貫穿於行動中，有效地消除對績效管理和面談的錯誤和模糊認知。

◆ 明確考核標準

由於目標是變數，因此考核前明確目標和標準，是績效面談的重要一環。目標要具體、可衡量、有行動導向、現實、有時間限制，如果考核標準採用等級評定法，則要對各等級的含義做出明確解釋。經理要盡力避免往下壓目標、下屬不理解也要執行的情況。

如果在開始面談後，雙方對標準的理解還有出入，經理應該尊重下屬的意見，因為目標和標準主要是經理來制定和審批的，所以他有義務向下屬解釋清楚。如果目標中確實有歧義或模糊不清的地方，經理應該在今後工作中對目標進行修改。

化解尷尬：你能搞定績效面談嗎？

◆ 經理要學會角色認知

作為承上啟下的紐帶，經理稱職與否，對自身角色是否認知清楚，也直接決定面談的成敗。許多經理自身業務很強，但下屬業績一團糟。獨木難成林，團隊績效高的經理才是一個稱職的經理。經理不僅要對自身的績效負責，更要對下屬的績效負全部責任。

上下級是績效夥伴關係，只有下級做得好，經理的工作才會出色，同時，在制度設計和培訓宣傳貫徹上，也要突出經理對下屬績效的連帶責任。

必須意識到：績效考核不是經理對員工揮舞的「鞭子」，經理也不是審判官和老好人，經理要扮演教練、助教的角色，幫助下屬走向成功。

在績效面談中，比較可行的面談流程、技巧如下：

◆ 充分做好面談準備

經理在面談前應做好兩方面的準備：一是心理準備，要事先了解下屬的性格特點和工作狀況，充分估計到下屬在面談中可能表現出來的情緒和行為，準備可能的應對策略；二是資料、數據準備，如工作業績、計畫總結、管理臺帳等。在面談前，經理要對相關資料諳熟於胸，用科學的資料、事實來證明自己的觀點，員工也同樣如此，這樣上下級的分

歧就很小。這就需要建立管理臺帳，及時記錄員工的行為表現，對員工的計畫、總結、報告也要及時批示評點，這樣面談的時候才能言之有物，也避免了對下屬工作不了解、打分數難、提不出意見的窘況。

另外，透過輕鬆的話題來培養融洽的氣氛，面談開始後就把面談流程、目的和原則講清楚，也是不可或缺的環節。

◆ 雙向溝通，多問多聽

面談是一種雙向溝通的過程，發號施令的經理很難實現從上司到「幫助者」、「夥伴」的角色轉換，應該給下屬充分的表達機會，才能有效地了解下屬的問題和想法。

首先要感謝下屬這一階段的工作貢獻，引導下屬說出工作中的酸甜苦辣和對問題的看法、分析等，讓員工自己思考和解決問題，表達心聲。對有異議的地方，要讓下屬陳述和解釋。

◆ 經理要善於發現下屬的優點並予以分享

對績效不佳的員工，也要表揚其好的一面，樹立下屬的信心，讓其再接再厲，把工作做好。同時，經理給下屬的回饋要盡量具體，無論批評還是表揚，都針對員工的具體行為或事實回饋，避免「你的態度很不好」或是「你的工作做得不錯」這類空泛的陳述。

另外，模稜兩可的回饋不僅發揮不了激勵效果，反而容易使員工產生不確定感。

◆ 問題診斷與輔導並重

一旦發現下屬績效下降，雙方要立刻查找原因。是組織因素，還是個人因素；是目標制定不合理，還是人員能力、態度有問題。如果是客觀原因造成員工績效下降，經理要及時協調各方面的關係和資源去排除障礙。診斷輔導的過程就是讓員工樹立：經理就在他的身邊，在他前進的過程中會隨時得到經理的幫助和認同。這樣就不會有抱怨連連的現象發生。

診斷輔導的過程中對事不對人的原則一定要牢記，只能說下屬工作中存在的問題，不能涉及到人格問題。最好不要拿他和其他員工進行比較，而是與他的過去相比。當員工犯了某種錯誤或做了不恰當的事情時，經理應避免用評價性標籤，如「沒能力」、「真差勁」等，而應當客觀陳述事實和自己的感受。

◆ 不僅談過去，更要展望未來

績效管理是一個往復不斷的循環，一個週期的結束，同時也是下一個週期的開始。因此在對員工績效進行評價和回顧後，還要幫助員工找準路線，認清下一階段的目標。經理

第一章　平凡人，做不凡事

與員工合作，對下一週期的工作重點、績效的衡量標準、經理提供的幫助、可能的障礙及解決方法等一系列問題進行探討並達成共識。

最好的方法是讓員工自己提出目標和解決方案，經理作為支持者，幫助他解決其中的困難。這樣績效面談就能達到最佳結果：無論下屬來的時候是什麼心態，結束的時候都是愉快的，並且幹勁十足。

◆ 面談溝通是一個持續的過程

考核和面談只有幾天的時間，但績效溝通貫穿於工作的全過程。績效管理的核心就在於透過持續動態的溝通真正提高個人和組織績效。不懂溝通的經理不可能擁有一個高效的團隊。

經理與員工在目標實施過程中隨時保持聯絡，及時排除遇到的問題和障礙，考核結果也不會出乎意料。因為在平時的溝通中，員工已經就自己的工作和經理基本達成了共識，因此績效面談也就變成了對平時討論的一次覆核和總結。

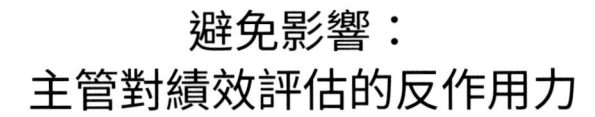

避免影響：
主管對績效評估的反作用力

對員工進行績效評估，其目的就是透過對員工過去一段時間內工作的評價，判斷其潛在發展能力，並作為對員工獎懲的依據。

但在實踐中，評估的正確性往往受人為因素影響而產生偏差。對此，某管理顧問公司人力資源資深顧問如此以其多年專業經驗，介紹了績效評估中常見的幾種人為錯誤。

績效評估中常見的人為錯誤是以偏概全，又稱月暈偏差，所謂「部分印象影響全體」。

具體又可分為兩種：

- 其一，評估者對某員工存有先期好感或惡感，即使該員工以後的表現有了變化，也會被評估者忽略。這是評估者以員工某一方面表現形成整體感覺，並以此擴展到對該員工的整體評估上。
- 其二，評估時僅選擇一兩個簡短時段來測定，忽略評估對象的一貫表現。這種評估者在未徹底了解事實的情況

第一章　平凡人，做不凡事

下自以為是地評價員工的方式，常會給員工造成一種錯覺：只需做出勤勞的樣子，即使沒有成績也可加薪升遷。

為避免這種偏差，應做到針對被評估者的全期表現做全方位評價，日常工作中必須與員工密切接觸溝通，勤於觀察並做好紀錄；考核中設定各種不同的著眼點，從不同角度進行分析評定。

另外，部門經理常會犯寬鬆、苛刻、折衷這三種錯誤：

- 寬鬆者虛懷若谷，在評估中所給分數往往高於員工的真實能力水準；
- 苛刻者採用低分主義，造成考績普遍很差，低於員工真實能力水準；
- 折衷者不顧公司利益，不按規則考核，完全以己之好惡決定下屬命運。

如此告戒這三種類型的經理，如果還想在管理職位上繼續做下去，就必須拋棄利己思想，平常工作期間要認真執行對下屬的指導、培養工作，密切觀察工作表現並做紀錄。

此外，還有些管理者以自己的能力或好惡作為標準來評價下屬。如給予自己唱反調的低分，反之，則評為高分；自己某方面是弱項，則在評估員工時故意忽略，反之，則加大

避免影響：主管對績效評估的反作用力

評估比重。這種做法的結果，肯定導致對員工表現或潛力的誤判。

如此說，作為管理人員，必須懂得自己與下屬有著不同的做事方式，不要過於自信，應積極培養自己有彈性的心態，如此，才能將評估做得盡可能公正。

要想有效避免績效評價中的人為偏差，工作績效評價應該按照科學的步驟進行。工作績效評價主要有三個步驟：界定工作本身的要求；評價實際的工作績效；提供回饋。

首先，界定工作本身的要求意味著，必須確保你和你的下屬在他或她的工作職責和工作標準方面達成共識。

其次，評價工作績效就是將你的員工的實際工作績效與第一個步驟所確定的工作標準進行比較，在這一步驟中通常要使用某些類型的工作績效評價等級表。

最後，工作績效評價通常要求有一次或多次的回饋，在這期間應有管理人員和下屬人員就他們的績效和進步情況進行討論；為了促進他們個人的發展，還要同時共同制定必要的人力開發計畫。

在進行考核工作之前，人力資源部要提出方案，即在考核指標上突出各個層面不同的關注內容：上級對於中層的評價，重在評價其管理能力、最終的業績；下級對於中層的評

第一章　平凡人，做不凡事

價設計的指標重在培訓、授權、溝通。中層互評設計的指標重在合作，透過突出不同側面的關注重點，更有效地對員工進行一個全面的評價。

一個公司怎麼考核、任用員工，其實質就是這個公司提倡怎樣的用人制度。

用四個字概括：信、勤、新、和，是最重要的方面。

- 「信」即誠信、有責任感，誠信為人，用心做事，有責任心才能用之於心；
- 「勤」即投入、敬業、勤勞、積極向上的人生觀；
- 「新」即創新，不斷創新，超越同行，超越自我，立於不敗之地；
- 「和」即是指和諧、團結、合作、有團隊精神。

第二章
零死角員工培養計畫

培訓不應當是事後諸葛,而應當是公司整體所必需的一部分,要努力將任何資訊源迅速轉化成行動的願望和能力。

第二章　零死角員工培養計畫

千萬別省，
人才培養的「銀兩」該花

從很大程度上講，想保證員工的高素養，就得對員工進行培養。人才投資是提高企業競爭力的策略舉措，因為產品競爭力歸根到底還是由具備競爭力的人才創造出來的。

基於這樣的認知，世界上很多著名公司都非常捨得出巨資培養自己的專門人才，如日本的大榮公司，它的董事長中內功就是如此。中內功除了每年派一千多名員工到國外參加專業培訓外，還從個人資產中拿出 180 億日元鉅款，創辦了日本第一所「流通大學」，培養商品生產和銷售的專門人才。

原聯邦德國漢莎航空公司的總裁漢斯，是一位富有遠見、重視人才的經營專家。從 1956～1973 年，這個公司先後創辦了「漢堡技術學校」、「法蘭克福飛機乘務員學校」等，培養了一大批高素養的航空業務人才。

值得一提的是，日本松下電器公司，即使在生產、銷售不景氣的情況下也沒有趁機裁減員工，而是加強對員工的培訓。透過培訓，提高了員工的生產技術和管理人員的管理水準。由於有了高素養的人，松下公司的產品競爭力大大增

強,終於度過了難關。

透過培訓培養人才,只是人才培養的途徑之一,人才最終是在實際鍛鍊中培養出來的。

日本的土光敏夫有這樣一個「重擔子主義」的育人方法,給人才重壓,讓他們在實際工作中提高自己的工作能力和業務水準。

的確,不是「英雄造時勢」,而是「時勢造英雄」,首先應該給英雄提供發揮其英才的環境、場所。他們認為,要尊重人才,就必須委以重任,否則就是一種罪過。壓重擔以培養、鍛鍊人才,就是土光敏夫「長期經營計畫」的一個重要組成部分。

現在,日本東芝集團的事業蒸蒸日上,可以說是與土光敏夫這種用人政策分不開的。

第二章　零死角員工培養計畫

單一方式 OUT，
培養人才多元化才是王道

對於培養人才來說，作為領導者，應該清楚你要將員工帶向何處，因為員工需要知道自己走向哪裡，而這一點是他們自己所無法決定的。在理想的情況下，每一個公司應該制定一個長期目標，並使這一目標落實到每一個部門，每一個員工身上。

作為公司的領導者，其工作任務之一就是將公司的長期目標轉化為讓自己的員工可以實現的具體目標。但事情不只如此，除了公司總的目標，領導者還要決定自己部門應該做什麼。

在有些公司，高層主管不斷更換，他們的要求也跟著改變，而且市場也是千變萬化的。傑出的領導者應盡力採取一些措施，避免這些變化給員工工作造成威脅。

所以，每隔幾個月，你就應該與員工坐下來，共同描述一下整個部門以及每個人將來的工作前景和任務，這是十分重要的。這幅藍圖就是整個部門工作的重心，也是你給員工提供的一個明確方向。

單一方式OUT，培養人才多元化才是王道

當你確定一個明確的方向，制定一個為達到這一方向的計畫之後，作為領導者，你的工作應該是讓每一個員工弄清楚自己所處的位置。

換句話說，你應該為這一集體中的每一個人指明方向。對每個員工來講，當你為他們確定具體的方向之後，也許他們自己最清楚如何以最好的方式到達你所確定的目標。當出現問題時，你也許還必須適度地做一個調整。

另外，培養人才，還包括領導者要為員工明確的工作重點。一位領導者，需要向員工不斷提示和警告，需要為他們指引方向，讓他們明白事情的重要性，讓他們弄清楚事實的真相，讓他們明白自己的工作與其生存和成功緊密相連。還要表明他們的貢獻有多大，要承認他們在公司中所處的地位，讓他們看清自己的將來。

在日常生活中，有些人往往看不到生活中美好的東西，工作中也是如此，漫無目的，迷失方向。他們需要有人給他們提供生活和工作的目標和重點，領導者便是最合適的人選。

將公司長遠而宏大的計畫重點指引給員工，讓他們感受到自己的努力與公司成敗之間的內在關係，他們才會有工作動力，才會認可其同事對他的幫助，才會自信地去處理那些棘手的難題，創造出更大的效益，而對於他們自己，也會取

第二章　零死角員工培養計畫

得更大的成功。

　　總之，對一個企業的經營管理，說到底還是對人的管理。正是由於許多成功的領導者具備了這種知人善任的素養，才使得他們的事業長盛不衰。

挖掘黃金：
發掘人才的重要性

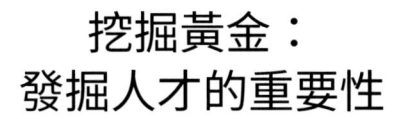

　　明智的人，欲求上進，除了力求充實學識外，更應隨時培植地位比他低的人，努力將他訓練成有用的人，使自己日後可以得到他的一臂之力。

　　地位高的人，往往是最知道如何借重別人力量的人。當他遇到困難，非自己能夠解決時，就知道如何獲得別人的幫助，他自己決不做過於繁重的工作，他知道分工合作，只做那些別人不會做的事。

　　我們接觸的人，大致可以分為兩種，一種是地位比我們低的人，或在許多事情上，必須聽從我們的命令。另一種是地位比我們高的人，許多事情必須聽從他的指示。通常社會上多數人最容易犯的毛病，就是眼睛永遠望著天。

　　作為領導者：

- 你能夠得到下屬真心的幫助嗎？
- 他們願意為你真心效力嗎？
- 你的同事肯協助你嗎？

第二章　零死角員工培養計畫

- 他們代你操勞時,是否心甘情願?
- 是否看見你有困難時,便自動幫你?

答案如果是肯定的,那麼你已經走向成功的道路了。因為唯有能夠獲得外界自動援助的人,才有達到領袖地位的希望。反之,別人不願接近你,怕你要求他們幫助,當你向人請求時,他們便尋覓種種藉口拒絕,那你非立即改變待人接物的方法不可。

切勿濫用權力壓迫別人工作,應該運用巧妙的方法,使他們自願為你工作。一個專喜歡依仗自己權勢和地位,發號施令,強逼他人做事的人,並不是一個真正的領袖。

一個明智的主管,他永遠關心下屬,不時地替下屬的健康、家境、幸福等設想。讓下屬把他當成可靠的上司,對他敬愛有加,十分關心他的事業,恨不得使出自己所有能力幫助他。

記住:你要獲得別人幫助,必先幫助別人。幫助別人愈多,未來的收穫也就愈大。唯有最愚笨的領導才想盡方法,去奴役他人,希望他人毫無條件地為他效力。

一位鋼鐵公司經理說:「唯有那些能夠發掘人才的人,才是世界上最偉大的人物。我總覺得發掘人才比製造財富要有價值。」

這位經理把青年訓練成才幹後,對於他自己的事業是否會發生不利的影響呢?不,絕不會,反之,他卻因此獲得他人極大的助力。

　　唯有懷疑自己能力的「主管」,才會處處壓迫下屬,希望他們都變成沒有個性,只知聽取命令的機械人。而結局大都出乎他們的意料之外,多數人反而被他們有能力的下屬所打敗。

第二章 零死角員工培養計畫

領導者的 11 條黃金法則，
打造超強員工

一個優秀的領導者會讓他的員工，不論在哪一個階層，都能有系統地接受各種訓練。這不只是關心他們，而且也是因為這麼做是有經濟效益的。顯然，受過訓練的員工，在工作中會表現得比那些未經訓練的同仁要傑出得多。

在培訓員工方面，可借鑑以下 11 條黃金法則：

①制定出人才訓練書以支持各種業務計畫。

你需要一個適當的人選，能在適當的地方、適當的時候，具備適當的知識和技巧，來執行你的計畫，並使它們圓滿成功。

②有系統地開發小組內的每位成員。

假如你不這麼做的話，那些最有潛力的人才遲早會離開。

③對新人用工作說明書當作第一次訓練。

仔細考慮一下他們需要具備的知識和技能是什麼，以及應如何才能幫助他們獲得這些知識和技能。

④指定專人負責幫助新人。

要聽到新人在說「我們」時，是指你的組織，而不是那個他們剛剛離開的公司。

⑤讓員工透過自身的理解去學習，尤其是看和做。

不要只是說，要實際做給他們看，並讓他們親自動手練習。

⑥培訓人才以保持競爭優勢。

以市場上占有領先地位的 IBM 公司為例，該公司的人才培訓計畫，是希望公司裡的四十萬同仁每年都能暫時拋下手邊的工作，接受為期十天的在職訓練。

隨著公司業務日益蓬勃發展，新產品、系統和市場等因素都會刺激人才培訓的需求。培訓工作是永無止境的，沒有了它就沒有成長可言。

此外，以長遠的眼光來看，未來公司改變的機率有增無減，這會使人才培訓的需求大增。

⑦人才培訓的重點應放在強化優點、糾正缺點並發展潛能上。

幫助員工將訓練當成一種令人興奮的機會，而不是令人不悅的待遇或是變相的處罰。

第二章　零死角員工培養計畫

⑧邀請你的客戶對你們公司服務的標準提建議和意見。

對所有必須和客戶接觸的員工，不管其接觸方式是面對面、利用電話或郵件往來，一律要接受訓練。

⑨注重員工的潛能的發掘，助其晉升。

以工作企劃和工作派任方式，發掘員工的分析能力和領導技巧，以觀察和測試出最適合晉升的人選。

向員工解釋需要的內容有哪些，然後請他們將重點重述一遍，以確定他們是否理解。為了幫助那些沒有經驗的人，你要請他們下次來的時候把他們的企劃方案帶來，以了解他們的進度，並詢問一些問題：「你打算要怎麼做……」、「那麼這一項你覺得……」、「如果是你，要怎麼做……」。

⑩利用工作輪調的方式，增加傑出人員的各種工作經驗。

對那些將來必定會位居要職的人來說，他們需要盡可能的增加經驗，以了解組織裡不同部門的工作領域。

以日本公司為例，一個非專業的一般經理人的培養，需要一段很長的時間，以證明自己的能力，並等到那些由他們決策的事情結果出來之後，才能決定其是否有資格升任為經理。要完成這一整個階段，可能至少要花十二到十八個月的時間。

⑪人才的培養目的是將知識和技能轉移給員工。

你的目的是幫助工作小組裡的每一個成員都能發揮他們的潛力，以共同創造公司的利益。假如你能幫助你的同仁，讓他們變得更有信心、更有主張、不再害羞而且更加獨立的話，那何樂而不為呢？

隨著員工對個人的信心逐漸增加，人格特質也會慢慢地在他們的身上產生出來，而這對翻轉初期一些不利的條件、狀況，將會有所幫助。

要用心培養你的人員，因為他們的成功就是你的成功。在企業或公司管理一個工作小組，就跟在運動場上帶領一支球隊一樣，如果不好好規劃人員的培訓工作，那是絕對不會成功的。

第二章　零死角員工培養計畫

敬業精神，
培養員工的第一要務

在現代企業裡，管理者面臨的挑戰就是不僅要培養員工高尚的道德觀念，而且要培養他們的敬業精神，

當在洛斯‧阿拉莫斯政府研究院工作的研究人員羅伯特‧貝斯特僅僅靠著一萬美元創建了國際科學應用公司（SAIC）之後，他最大的希望就是有一個好的工作環境，使他為顧客提供更好的服務。他說：「我僅僅是著手創造一個能讓我及願意到我這裡來的人做好工作的場所。」

這個條件雖然不高，卻像一塊磁鐵那樣有吸引力。如今，國際科學應用公司已成為美國最大股份制技術公司。數以萬計的員工向世界各地的企業和政府部門提供多種類型的研究、工程技術、軟體及系統一體化服務，每年為公司取得的銷售利潤超過數十億美元。該公司的電腦和儀器被應用到太空梭、海洋考察船以及阿拉伯沙漠地區的石油管線上。同時，公司每年都向投資者支付其利潤兩成以上的報酬。

然而，國際科學應用公司的成功祕訣是什麼呢？答案就是：高尚的道德觀念和員工的敬業精神。

怎樣培養員工的敬業精神呢？貝斯特採取的下列五個步驟是很值得借鑑的：

1、增強每個員工的道德觀念

對此，貝斯特指出，如果公司在其經營活動中具有良好的道德觀念和篤實的品格，其長遠利益就將得到最大限度的實現。企業決不可能靠欺騙公眾或利用合夥人的手段來保持其長久的繁榮，不道德的行為最終將會受到懲罰。為了確保公司具有良好的道德觀念，貝斯特明確並一貫地表示，具有高尚的道德是每一個員工的首要責任。

國際科學應用公司經常向員工宣講良好的道德觀念，並設立了熱線電話，以便他們對任何不道德行為隨時舉報。

貝斯特說：「我們從事的是科技行業，而科技行業存在著背離道德準則的行為，如環境問題、防護合約費用過大等等。因此，我們必須採取有力措施，以確保所有員工都清楚地認識到我們有義務嚴格遵守道德和法律準則。」

然而，貝斯特沒有就此止步，而是使他的公司確實做出榜樣來。

貝斯特說：

「在政府專案合約競標過程中，我們偶爾在無意中得到了某些本不應得到的資訊。提供資訊的人要嘛不知道自己做

了一件錯事,要嘛不了解這個資訊的重要性。從法律意義上講,這就使我們公司處於一種類似於「內幕交易」的局面。遇到這種情況時,我們就透過律師把此事向政府報告,因此,有時我們就會在競標中失敗,因為政府部門認為那個內部消息差點讓我們公司處於一種不公平的優勢地位。

在這種情況下,短期的損失或許很大,但卻是非常值得的。我們必須絕對地制止以任何方式超越道德界線的行為,因為這種行為會給我們的公司帶來巨大的傷害。當我們不得不做出痛苦的抉擇時,我們盡可能做到以是非為根據,以顧客的最大利益為出發點。」

的確如此,當道德上的要求與經濟現實發生衝突時,公司經理們時常拿不出好的對策。有人常常打著經營的旗號為那些雖不違法卻也不道德的行為開脫,並將其合理化。那種狡詐的不道德行為,如欺騙和背地裡搗鬼等,會損害企業組織的信用。貝斯特明白這一點,所以,他才在公司無意中得到某些內幕消息時選擇了一條高尚的道德之路。

2、積極鼓勵員工充分發揮自身潛力

當企業或公司在經營中的道德觀念得到認可以後,每個員工都要為了公司的利益勤奮工作。

在開始階段,貝斯特試圖使自己周圍的人具有與他同樣

的價值觀念：勤奮敬業、關心自己的工作環境、熱愛本職工作。但是，隨著時間的流逝，他的想法發生了改變。他意識到，如果他只是把目標集中在這些人的身上，那他就忽視了另外那些有潛力的員工，那些不斷地尋找「我能從中得到什麼」的人。

貝斯特說：「這部分人更容易被報酬所吸引，當我們把事情交給他們去做時，他們同樣會做得很出色。」

逐漸地，貝斯特對上述這兩類人都感到滿意了。

3、提高員工對企業的熱愛程度

貝斯特指出，保證員工在工作中更勤奮、更講道德的最好辦法就是確實使他們熱愛本職工作，熱愛自己的企業。

貝斯特說：「我們一直在尋找各種辦法，使員工在工作中有發言權，有發表自己看法的權利。我們公司有一百多個委員會，這些機構可不是當擺飾的，它們可以召開會議並做出決定。參加這些委員會的員工更深刻地感到自己是公司的一部分。我還告訴員工們，假如他們無法透過正常管道反映自己的意見，就來直接找我或其他高級經理。」

這僅僅是貝斯特努力激發員工熱愛企業的一種方法。他的另一種方法是讓員工直接與公司的利潤連動。

貝斯特說：「我們真正鼓勵員工勤奮敬業的精神。大多數

與我們一樣規模的技術公司承擔大約五百個合約，而我們卻多達五千個，合約專案一般資金為 30 萬美元，而我們卻有很多小的合約專案，有的資金僅為 2.5 萬美元。如果有人需要我們做一件事情，即使是很小的一件事，我們也會去做，因為那或許會帶來意想不到的收穫。」

貝斯特說，他們如此搞經營，目的是最大限度地推進股份制。他說：「因為我們擁有五千個合約，這就意味著我們有許許多多或益或損的經營中心。對於一個員工或通常的一個團隊來說，這是五千個使他們成為企業家的良機。讓員工自己去應付各種風險並努力取得成功，會真正地使他們關心公司的全面、健康的發展。」

4、公平、公正地獎勵員工工作成績

如果你想讓你的員工取得公司的既得利益，當然，一種有效的辦法就是使其承擔起損益責任。而更好的辦法則是給他們以公正的對待。

這會帶來兩方面具體有形的好處：

- 首先，這是一種補償手段，也是一種公平的做法，可使員工們得到辛勤耕耘的收穫。
- 其次，這是一種促動因素，一個「誘餌」，可以使員工們更加努力、更加聰明地工作。

敬業精神，培養員工的第一要務

這一點對象國際科學應用公司這樣的企業是至關重要的。在這個公司，77% 的員工具有地質學、海洋學和核工程學專業的高學歷，他們往往像關心自己的公司那樣關心自己的專業。

股份制可以具體有形地激勵員工更加關心公司的發展，並使他們知道，如果自己努力工作，使公司的利潤增加，他們就將分享到更大的收穫。

貝斯特說：「從一開始，我們就鼓勵員工努力工作，並以股份的形式獎勵那些做出突出成績的員工。在公司的開始階段，我們迫切需要合約專案。於是，我們宣布，無論是誰，只要拿來一個十萬美元的合約，就可以購買一定數量的股份。當時，可以用不太多的錢買下公司相當多的股份。在那以後至今的很多年裡，關於購買股份的規定越來越複雜了，但其基本規則一直沒有改變。」

貝斯特明白，出讓股權對於很多管理者，尤其是那些公司的創始人來說是一個很難接受的觀念。他因此創立了企業發展基金會，以向人們解釋股份制的種種好處。

這一解釋工作很棘手，那些發展迅速的公司的管理者們擔心，如果他們不能擁有其公司至少 51% 的股份的話，就會失去對公司的控制權。

貝斯特說：「這些管理者大多數擁有公司 90% 或更多的

第二章　零死角員工培養計畫

股份。我曾對他們當中一些人說：『你們為什麼不嘗試一下只擁有 80% 的股份，看看會怎麼樣呢？然後再減到 70%，再然後到 60%，這樣一點一點來，看能否將你的股份交給你滿意的人。』」

貝斯特的看法與很多管理者不同。他知道，每個人都對企業經營的最終成功或失敗負有責任。他了解到，如果你和別人共同享有公司的財富，別人就將幫助你取得成功。

5、營造一種良好的氛圍

貝斯特了解到，對突出成績給予公正獎勵的做法只有在人們認為是公平的時候才是切實可行的。假如那些高級經理們，包括公司的創建者們擁有公司的大部分股權，那麼，這一做法對其他任何人都不會產生多大的激勵作用。

貝斯特說：

「目前，我擁有公司約 2% 的績優股，所以，你可以說我從建立公司的時候起至今已失去了 98% 的股份，但實際上我卻得到了巨大的收益，因為一個百分數對於超級市場來說毫無意義，在那裡只有錢管用。一件小東西的 100% 也是個小數，而一件很大的東西其 2% 就相當大了。透過「出讓庫存」，我使公司取得了更大發展，我的個人收入也增加了。我在創立公司時還未曾形成這樣一個經營策略，那時，我只想

敬業精神，培養員工的第一要務

要保證員工得到公平的對待，使他們的成績得到褒獎，但逐漸地這一策略就形成了。

公司剛剛建立時，我的想法是我應該首先做到不貪。只要公司的經營整體上取得了成功，我並不在乎別人賺大錢。我覺得向人們表明自己言而有信的最好辦法就是對那些忠於職守、表現出色的員工予以公正的報酬。如果你能創造出一種良好的氛圍，並使人們認識到股份制是一種獎勵而不是一種權利，那麼我堅信，這將有助於公司更快地發展，並且從長遠來看，將使從上到下所有的人得到更大的利益。」

員工需要管理者的重視，他們的貢獻需要得到公平的報酬，而對這些貢獻的評價和理解必須是公正的。同時，他們有權利分享公司在贏利方面取得的成功。

反過來，員工必須意識到自己對企業所肩負的損益責任，必須對有關各方面的利益有正確的理解，並且在工作中做出最大的努力。

第二章　零死角員工培養計畫

向優秀學習，
改善工作現狀的利器

　　如果員工甲一小時能生產四十五個產品，而員工乙只能生產三十個，你如何才能提高員工乙的效率，讓他趕上員工甲呢？員工甲是不是天生就比別人好？是不是因為他（她）懂得更多？更有經驗？

　　主張用優秀員工的工作方法去培訓其他員工的人卻不這樣認為。他們說，員工甲這位優秀員工，之所以表現出眾，不一定是因為他（她）懂得比別人多，而是因為他（她）的工作方法與眾不同。如果你能找出像員工甲這樣的一流員工，並且弄清他們行之有效的工作方法，就可教給那些表現平平或者比較差勁的員工，提高他們的工作效率。

　　以優秀員工為榜樣改進工作狀況，這一主張已經提出很多年了，主要是人力資源開發行業的「工作方法」派宣導的，似乎已為許多大公司所接受。

　　假設在你的公司，表現出色的人會受到獎勵，而且體制不會妨礙員工發揮作用，那麼你應該如何採用優秀員工模式呢？首先，你必須界定什麼樣的人算是優秀員工，並且把這

些人找出來。這一步怎麼做最好,不同人有不同看法。

一位叫哈萊斯的管理學家提出了一個最嚴密的方法。他建議與管理人員一起弄清楚企業或公司的目標是什麼,以及員工的目標(具體做出的東西或成績)對公司的目標產生什麼作用,這時你才可以確定哪一個人或哪一組員工任務完成得最好。選出優秀人員之後,就要從他們身上找到答案:他們靠什麼能力或做法,獲得了比同事更好的成績?你可以直接觀察、採訪或聽取其同事和經理的意見。

美國卡內基梅隆大學的教授凱利和明尼亞波利斯的顧問卡普蘭一起,從 1985～1992 年,在貝爾實驗室的一個經營單位指導了優秀員工研究。在選擇優秀員工時,凱利和卡普蘭並沒有完全按照哈萊斯那套複雜的辦法,進行公司目標與員工目標分析。他們花了一年的時間,試圖找到一種測量知識工人生產率的定量手段。

最後他們意識到,自己面臨一個難題。凱利說:「我們發現,許多人都曾想透過一個合適的生產率測量手段解決這個問題,但是沒有人成功。」他們的結論是:優秀員工的定義是主觀的。

在評選優秀員工的時候,他們先是採用經理考評員工的結果,但是發現,那些科學家和工程師同事與經理的看法頗有分歧。實際上,同事提名的優秀人物與經理考評的結果只

第二章　零死角員工培養計畫

有一半是一致的。凱利和卡普蘭最後宣布，雙方都提名的那部分人即為優秀員工，成為研究對象。

選出一些優秀員工之後（哈萊斯傾向於只選一個人），下一個問題就是如何從他們那裡找到工作出色的真正原因。對於收集這方面材料的方法，人們也有不同見解。

但對此，哈萊斯說，工作出色的人往往自己也說不清為什麼會比別人強。其原因為：

- 他們對工作做了一系列調整，但是並不寫下來；
- 關鍵的做法往往閃現在他們的腦海中（哈萊斯稱其為「隱祕行為」），他們不可能一邊操作一邊分析其中的道理；
- 這些想法是一閃念之間的，而且是有意無意的，優秀員工不想讓別人知道他的祕密。

為了克服這些困難，哈萊斯又回過頭來先看工作人員的成績（總體成績），然後看總體成績可以分成哪些元素（階段性成績），再看為了創造各階段的成績，優秀員工採用了哪些做法和規則，最後，看看他們掌握的哪些資訊直接影響工作方法和規則。由於優秀員工往往自己也不清楚成功的祕訣，哈萊斯就提出很多假設，讓優秀員工挑出那些不符合情況的假設，剩下的就是促成他們表現出色的因素。

確定了優秀員工，區分出了他們的工作方法和能力，這

些為的都是下一步：按照優秀員工的方法訓練一般員工。

貝爾實驗室為一般員工辦了一個班，每週一次，共十週。後來又精簡為六週。前後有六百位工程師參加這個學習班。先是透過自我評估考察生產效率的提高：參加學習班的人匯報說，培訓結束時，效率提高了10%，六個月後提高20%，一年以後提高了25%。

然而，凱利和卡普蘭也指出，多數培訓計畫往往是在剛結束時效果最好，若是一年後你再向員工提起，他往往會問：「哪個培訓？」

為了更好地估計這個培訓班的效果，凱利和卡普蘭向受訓工程師的上司徵求意見，他們發現，八個月後，受訓人員比對照組成員的效率提高了一倍。

表現在以下七個方面：

- 發現並解決問題；
- 準時並高品質地完成工作；
- 令客戶愉快；
- 及時讓上司了解情況；
- 與其他部門合作得很好；
- 注重競爭；
- 理解管理層所作的決策。

第二章　零死角員工培養計畫

激發創造力，
讓員工擁有成就感

作為一個領導者，你要想讓富有創造力的人全心投入工作，就必須使他們對所從事的研究項目滿懷興趣，並持續保持住。否則，他們就會喪失動力，因而也就不能發揮本身的潛力。

某電子公司的科研開發部主任要求他的研究人員與顧客之間存有緊密的連繫。這不僅使他們了解顧客的需求，而且當他們研製出一種成功的產品時，也可使他們領略到這份成功的喜悅。

尤其是當某人提出一個不俗的研究設想時，便應委以重任和給予資金以完成這項工作。委任創新者不僅能激發他的工作能力，並能證明他能否承擔更重要的責任。

許多富有創造力的人往往能透過自己的信仰方式獲得成就感和滿足感。他們自我激勵，但別人賞識他們完成的工作也是同樣重要。對於管理人員而言，若要以非正式形式經常讚賞員工的工作，最有效的方法之一就是經常深入基層。

這樣做有兩項好處：

激發創造力，讓員工擁有成就感

- 其一，它能使你了解每項工作的進度及所出現的問題，以避免意外的重大損失；
- 其二，它使你有機會向你的員工回饋意見和建議。

當你到各個辦公點巡視時，要多說些鼓勵性的話，告訴其他員工某組同事的工作的重要性，要嘗試每天稱讚不同的員工。這些措施對激發員工的積極性和生產率，往往有很大的效果。

富有創造力的人，其自由性是很強的，因此，他們需要一個不拘形式的工作環境，以便自由地彼此閒談某個概念或問題。他們同時需要避開存在各個部門或辦公室的打擾。他們其中的大部分人都需要有私人的、或至少私人的工作環境。

但是，創新者的創意價值是難以計算的，因此，在某些公司，他們常常比其他部門的員工獲得較少的加薪和獎金。但富創造力的人需要感到他們及所從事的工作與別人的具有同樣價值。作為他們的經理，你便應竭盡所能為他們爭取津貼和福利。一旦有人提出創新的意念時，就應從該創新事物為公司賺取的利潤中，提取一部分獎勵他。從長遠來看，這種方式所能產生的價值是不可估量的。

一般而言，富創造性的工作往往需要每週工作 60～70

第二章　零死角員工培養計畫

小時。在這段期間，靈活的時間安排是非常重要的。如果你的處理手法欠缺靈活，就有可能毀掉你最重要的資產。你應謹記合作是雙向的，如果稍有延遲就對他們加以制裁，那麼下次當你需要在限期內完成任務時，他們的工作積極性就會很大程度地降低抑或是拒絕加班加時。

需注意的是，一些富有創造力、甚至是具有超凡創造力的人，往往並沒有充分發揮他們的潛力。根據無數研究結果顯示，大部分人一般只發揮兩三成的能力。但若能激發他們的工作熱忱和動力，就能發揮八九成的潛力。由於不少員工沒有盡展所能，而引致喪失了多少生產率、流失了多少科學研究設想，這些損失都是無法估計的。

員工未能達到預期的表現，可能是由於以下三個原因：

- 第一，員工本人是否願意做好他的工作？
- 第二，他是否懂得怎樣去做？
- 第三，他是否有機會發揮他的才能？

多數情況下，員工本身是希望能做好他的工作的，但這需要更多的資訊和培訓。當你僱用他時，你是否說明了你對他的所有要求，以及如何評定他的工作價值？他所接受的訓練是否足以應付工作的要求？此外，也許是由於超出他控制

範圍內的因素而妨礙了他充分發揮潛力。比如：文書或其他部門的工作延遲，也會直接影響他的工作。

以下三種方法可以提高他們的工作表現：

- 重新規定工作任務。有些時候，調派某人到另一部門是不切實際的行動。在這種情況下，你應根據他的能力來重新規定他的工作。
- 提供額外培訓。公司可透過為員工提供有效的培訓計畫，防止人才流失。
- 讓他們感到你很關心他們。你需要讓員工知道你很關心他們。如果你未能使他們感覺到這一點，便會影響他們的自信心和毀掉他們的創造性。

第二章 零死角員工培養計畫

職業規劃助手：
助力員工未來發展

　　隨著企業競爭的加劇發展，改組、裁員、組織變革等做法已成為管理中的固定內容。對此，很多員工想跟上這些變化，但由於工作要求更高，他們便感到力不從心。他們往往疲於應付，對工作失去滿足感和成就感，擔心收入是否有保障，不再感到自己的貢獻有意義。

　　對於員工來說，最普遍的緊張就是每天生活在捉摸不定的狀態下。他們會受到諸如此類問題的困擾：

- 公司會再次改組或裁員嗎？
- 對我有怎樣的影響？
- 還會有我的位置嗎？
- 我將向誰匯報？
- 我將何去何從？

　　許多員工期望一個更加井然有序的世界──未來相對來說是可以預料的，而且從事某項工作可能取得某種成就。但員工普遍的擔心也有一定的理由，因為人們試圖應付一個

當前捉摸不定、未來幾乎是完全不可預測和控制的世界。面對這麼一個長期捉摸不定的局面，他們的個人價值感將喪失殆盡。

因此，企業或公司面臨的挑戰是如何幫助員工處理好這些壓力，恢復他們的價值感。員工需要感到在自己的職位上做出了真正的貢獻，對自己和公司都是有價值的。

公司可以在這方面做些什麼呢？這裡有三點建議：

◆ **新的聘用約定**

沒有任何公司能夠保證為其員工提供終身就業保障，但是公司能夠而且應該確保其員工有市場競爭力。

公司所需做的是支持員工進行自己的職業生涯規劃。忠誠不再能夠透過承諾提供保障而收買，但是可以透過給予員工尊重和尊嚴而獲得。

◆ **輔導員工進行自我評估**

除了鼓勵員工管理自己的職業生涯規劃，公司應該為其提供適當的工具。員工應該有機會進行自我評估，制定自己的目標。

這有很多種方式，從在職輔導培訓、職業規劃專題研討會到一對一的諮詢等。

第二章　零死角員工培養計畫

◆ 輔導職業規劃

這似乎是一個自相矛盾的建議。對很多公司和行業來說，未來有太多的不確定性，為何還要推行職業規劃管理？因為職業規劃管理能幫助員工超越對現有工作和職位的認知。員工不再將自己視為填補一個特定的職位，取而代之的是，他們認為自己具有某種技能和經驗。不管是在公司內還是在公司外，他們可以不斷改進這些技能和經驗。

為受到變革影響的員工提供自我評估的機會，在促進個人和公司的復興方面也大有幫助。職業規劃透過重新喚起員工個人的成就感，能夠培養信心和提高自尊，增強其市場競爭力。有了職業規劃的經歷，員工就會確信他們有能力在未來的組織中事業有成。不管公司會變成什麼樣子，或者即使他們失業了，他們擁有的技能仍可用在其他行業中。這使他們不那麼處於保守，更願意接受變革。

要確保在公司的變革中，員工不會被安排到錯誤的職位上。透過幫助員工了解其能力和增強其信心，職業規劃減小了員工為了保住工作而亂搶空缺的可能性。相反，他們會了解自己最適合做什麼工作，以及什麼樣的工作會促進自己的成長和進步。

向員工在變革期間提供職業管理支援的方式很多，如企業大學、管理培訓課程或學習中心等。

職業規劃助手：助力員工未來發展

- 應在如下方面幫助員工進行職業規劃：
- 制定有意義、實際可行的職業和生活目標；
- 了解自己獨特的工作風格和偏好；
- 學會如何超越自己的職位，明晰完成未來工作所需的關鍵技能以及公司新的發展所需的新技能；
- 對自己未來的工作安排和職業發展做出明智的決定。

有效的職業規劃管理有何用場呢？去看看一家金融服務公司的經驗吧！

這家公司已經進行了裁員，準備出售一家分公司。於是召開全公司的會議向員工通報這個情況，儘管不可能對工作保障做出許諾，但是管理層希望員工明白，公司已經意識到員工的擔擾。接下來，公司提供了一系列自我職業管理研討會。透過召開這些研討會，員工能夠恢復對自己具有市場競爭力的信心。這個計畫對於員工士氣有著明顯的直接影響，高級管理層收到了數十封自發的感謝信。

顯然，公司會從給其員工提供自我評估和職業規劃援助方面獲益匪淺。員工變得更加靈活、適應性更強，士氣和責任感得到恢復。

然而，更重要的或許是公司有機會表明，他們的確關心員工在困難時期的遭遇，透過給予一些回報表明了他們的重視，而他們所得到的是員工的高效工作。

第二章　零死角員工培養計畫

第三章
領軍不如領一人，授權的藝術

「地位」人人都需要，給合適的人予以合適的「地位」相當重要。改善地位的願望，尤其是保護地位的願望似乎是一般責任感的基礎。

第三章 領軍不如領一人，授權的藝術

別不相信，授權好處多多

授權是領導者走向成功的分身術。今天，面對著經濟、科技和社會協調發展的複雜管理，即使是超群的領導者，也不能獨攬一切。領導者尤其是高層領導者，其職能已不再是做事，而在於成事了。因此，作為領導者，必須向下屬授權。

這樣做的好處很多：

- 可以把領導者從瑣碎的事務中解脫出來，專門處理重大問題；
- 可以激發員工的工作熱情，增強員工的責任心，提高工作效率；
- 可以增長員工的能力和才幹，有利於培養幹部；
- 可以充分發揮員工的專長，彌補領導者自身才能的不足，也更能發揮領導者的專長。

人們都知道授權重要，但有的能做好，有的卻做不好，為什麼呢？一個關鍵的問題在於授權者的態度。

比較正確的態度應當包括以下四個方面的內容：

1、要注重員工的長處

每一個人都有長處和短處,如果授權者能夠著眼於員工的長處,那麼他就可對員工放心大膽地予以任用。如盡看員工的短處,那他就有可能由於擔心那個員工的工作而對其加倍操心。這樣,員工的工作勇氣就會降低。員工缺乏工作上的勇氣,其上司的成功率就不可能會很高,所從事的事業也不會有多大希望。

所以,身為領導者,對於員工不妨先用七分的眼光去看長處,再用三分的眼光去看缺點,以強化自己對員工的信任感。

2、既要交工作,也要授權力

領導者將本部門的工作目標確定以後,需要交付員工去執行。既然如此,就有必要將其相應的權力同時授給員工。

一般來說,將工作委託給員工去做,這一點是不難辦到的,因為這等於減少自己的麻煩;將權力授給員工,就不是那麼簡單,因為這意味著對自己手中現存權力的削弱。

不過,凡明智的領導者都深知職、責、權的不可分離性,因而在授權方面總是乾淨俐落的。作為領導者,應該使自己成為一個明白人,把權力愉快地授給承擔相應工作的員工。

第三章　領軍不如領一人，授權的藝術

　　當然，所授的權力不是沒有界限的。最重要的是兩權：即員工對相關問題包括人事任免可以做出決定的──決定權；對關於人的可以發號施令，讓其做特定事情的──發令權。這樣，員工會因此感到上司對自己的信任和期望，為了不辜負這種期望，就會一心一意地去努力工作。

3、授權時要講明工作目標

　　工作目標不明確，人的自主性不易發揮，責任感也會隨之減弱。作為一個領導者，對待員工最忌諱的就是「媽媽嘴」嘮叨個不停，使人無所適從，不知怎麼辦才好。

4、對員工要給以適當的指導

　　作為一個領導者，絕不應該以為授出了權力就萬事大吉了。他應該懂得，儘管權力授給了員工，但責任仍在自己。如果只把權力授了出去，就可以對後果不負責任，或者進行評頭品足，那麼員工的能力就不可能得到充分的發揮。

　　因此，作為一個領導者，將權力授出之後，還應該對其員工進行必要的監督和指導。若是員工走偏了方向，就該著手幫其修正。如果員工遇到了難以克服的困難，就應該給予指導和幫助。只有這樣，員工的工作信心才會更加堅定。

到了放手的時候，就大膽放權

自古至今，許多優秀的領導者都是大權獨攬，小權分散。即：該管的管，不該管的就交給別人去管。

領導者不要事無巨細，大包大攬，否則，不僅使自己疲於奔命，而且也不會收到好的效果。

另外，領導者把任何事情都包在自己身上，不僅終日忙碌不堪，還會嚴重挫傷下屬的工作熱情：「我們既然都是些無用之輩，就由他一個人幹好了。」

部下在這種思維的指導下，就會消極被動地去工作，有些事本來能做好，也可能因沒有積極性與主動性而辦得很糟。忙忙碌碌地眉毛鬍子一把抓，到頭來很可能是「拾了芝麻，丟了西瓜」。

只有善於使用分權術的領導，才能空出時間和精力去想全域、抓大事，才能創造出最佳的業績。

這一謀略不僅是所有領導者必須掌握和運用好的，也是所有從事商業經營的人必須從中悟出的經驗，否則你將會從中失利。

日本松下公司從1971～1972年，出現了一個新的趨勢，

第三章　領軍不如領一人，授權的藝術

就是在市場、資源和勞力等三方面最有效的國家和地區創辦工廠。負責人山下倡議在馬來西亞生產空調機，然後輸入日本。剛開始松下公司一些職員對此舉不太理解，認為這樣做似乎對日本不利。當時任公司空調機事業部的出口科長說：「那時日本松下一年出口兩萬臺空調機，再在馬來西來建立年產十萬臺的空調機工廠，並且要求其中90%出口到包括日本在內的各國。為此，我們非常吃驚。我想這樣太不合理！可是上面強制性命令，又不能不做。拚命做吧！幸虧當地勞動力便宜，結果還不錯，在品質上完全可以與日本比美。1982年產二十萬臺，除了美國外向世界上一百多個國家出口。」

松下在馬來西亞建立空調機廠，利用當地大量而便宜的勞動力資源，他還讓當地人擔任該子公司負責人。松下堅持認為：「在那裡擔任松下電器負責人的應該是生長在那片土地上，並受到當地人尊敬的人。」為此，在工廠開辦的第四個年頭，他精心挑選當地人沙亞爾為經理。該人是當地電力公司總經理、王族成員。松下並且授予國外各區域性子公司負責人經理權、人事權。

這樣松下公司既促進了當地經濟技術力量的發展，也增加了當地就業和稅收，並使松下電器產品的生產成本更低，在世界市場上更具有競爭力。

這真是雙方受益的事情啊！

瑣事交給下屬，自己掌控大局

在日常工作中，常可看到這樣的領導，勤勤懇懇，早來晚走。無論大事小情，樣樣親力親為，的確十分辛苦，但所負責的工作卻常常雜亂無章，眉毛鬍子亂成一團。而這些領導則像陀螺一樣，從早忙到晚，你問他在忙什麼，看到的情景很可能是瞠目結舌。事事都管、都抓，結果必然是什麼也管不好。

高明的領導者應下功夫做好這些事情：

- 一是對大局的判斷和掌握；
- 二是調整團體的能力；
- 三是讓部下各盡所能，充分發揮其積極性。

某位英國大出版家生平所做的事業極多，如果換成別人，早已忙得不可開交，但是他仍能從容不迫，應付自如。許多朋友對於他這樣的才幹，深覺驚奇，他說：「我自己只擔任指揮工作，一切機械式的事情都交給那些能夠勝任的人。我深知要成就事業，最重要的是時時創新的計畫、指揮得法和監督不懈。至於那些凡是助手能夠辦理妥貼的工作，我盡可不必動手。」

第三章　領軍不如領一人，授權的藝術

同樣，一位電腦公司經理也說：「不要去做可以交給別人做的事情。」因為他認為一個領袖人物，最重要的是得有卓越的思想和計畫，不應把他創造新思想新計畫的寶貴精力和光陰耗費在一些瑣碎的小事上。一個真正能夠立穩腳跟的領袖，他永遠是一個製造機器的人，而不是將自己作為機器的一部分。這位經理對於這番理論曾經做過一次實驗，有一次他把辦公室和工廠的重要主任職員調開十人以上，發現整個組織絲毫不受影響，一切工作仍能照常進行。

其實這裡有一個非常平凡的訣竅，那就是：「把各種瑣事盡量交給下屬去做。」但要切記：你所以會把瑣事交給下屬去做，是因為你需要去思考更重要的事情，需要去制定新的關係到整體發展的計畫，而這些工作才是你的分內之事。

有些領導者，以自己是「最繁忙的人」而自傲，這實在是大錯特錯的想法，在有識者看來，這種領導者無異是在說自己是一個最不善指揮他人工作的人，他沒有駕馭下屬的學識和能力，早晚會被淘汰。

在現代管理中，一個大企業的領導者，所管的事是十分繁重的，有經營決策之事，組織指揮之事，一切事情假如都要由領導者來管，而不是把一部分權力交給能者，讓他們去辦，他即使有三頭六臂也是難以勝任的。

有些領導者總覺得下屬人員不如自己，總是不放心，下

邊的事自己也要去管，去做主。結果是自己辛辛苦苦，下級人員反而有情緒，意見很大。

還有的人心地不良，他們「當官」的哲學是：自己的權力越多越大越好，自己辦的事越少越省心越好。

應該歸下級人員的權利，自己也抓了過來，其動機不過是讓別人事事請示自己，事事來求自己，甚至企圖讓別人來「燒香進貢」，這就是以權謀私。

對此，必須徹底根除。

第三章　領軍不如領一人，授權的藝術

給了權力就要充分重視

　　對領導者來說，授權也容易也不容易。說容易是因為將權力下放了就可以了；說不容易是因為權力下放後，對所產生的效果不好控制。

　　有位領導者自認為是個很開明的人。每次他向下屬交待任務時總是說：「這項工作就全拜託你了，一切都由你作主，不必向我請示，只要在月底前告訴我一聲就可以了。」

　　從表面看，這位老闆非常信任他的下屬，並給了下屬以很大的自主權，真心希望他們無拘無束地完成自己的任務，按照他們自己的意思去做。但實際上，他的這種授權法會讓下屬們感到：無論怎麼處理，老闆都無所謂，可見對這項工作並不重視。就算是最後做好了，也沒什麼意思。老闆把這樣的任務交給我，自然是看不起我。

　　這個例子告訴人們：不負責任地下放職權，不僅不會激發下屬的積極性和創造性，反而卻是南轅北轍，大相徑庭。

　　反之，如果老闆事無巨細，都要參與領導，管得過多過細也會使部下無所適從。

給了權力就要充分重視

有位公司高管把當月的生產計畫交給了生產部經理傑克,講明由他全權負責生產計畫的實施。人員的調配、原料的供給以及機器的使用全部由傑克來指揮。傑克受領任務後,很快根據生產計畫掌握的人員、機器情況做了適當的安排,工作一切都很順利。

一週過去了,這位高管來檢查工作,發現本週的產量已達到計畫產量的30%,於是便把傑克叫來,責怪說:「你是怎麼搞的?把一週的產量定得這麼高,人工過度勞累怎麼辦,機器過度磨損又怎麼辦?」

在第二個週末的工作匯報會上,這位領導發現本週產量較上週下降20%,又埋怨說:「傑克,你是怎麼搞的,本週的產量怎麼下降了這麼多?你要加強管理,否則計畫要完成不了了。」

如此一來,傑克感到無所是從。本來他滿心歡喜,以為高管讓他全權負責組織生產計畫的實施,他非常有把握。可是自從受了兩次批評後,他不禁懷疑高管是不是真的讓他負責,他感到自己圖有虛名,根本做不了主。還是穩妥點好,於是第三週起,他不再自己負責,而是請示高管應該如何安排生產。

其實,傑克的上司並不是有意插手下屬的工作,而只不過是想督促一下下屬,使之更好地完成生產計畫,但由於他

第三章　領軍不如領一人，授權的藝術

的方法欠妥，給部下造成一種錯覺，認為他想親自出馬，從而導致部下失去了工作的積極性，結果工作沒有取得進展，反而退步了。

　　因此說，高明的授權法是既要下放一定的權力給部下，又不能給他們不受重視的感覺；既要檢查督促下屬的工作，又不能使下屬感到無名無權。若想成為一名優秀的領導者，就必須深諳此道。

合適的工作配合適的人

　　作為一個管理者應當善待你的員工，以便互相提拔、互相督促、互相成長，否則，對你的事業發展就會非常不利。

　　鋼鐵大王卡內基曾經親自預先寫好他自己的墓誌銘：「長眠於此地的人懂得在他的事業過程中起用比他自己更優秀的人。」

　　任何人如果想成為一個企業的領袖，或者在某項事業上獲得巨大的成功，首要的條件是要有一種鑑別人才的眼光，能夠辨識出他人的優點，並在自己的事業道路上利用這些優點。

　　一位商界著名人物說過，他的成功得益於鑑別人才的眼力。這種眼力使得他能把每一個職員都安排到恰當的位置上，而從來沒有出過差錯。不僅如此，他還努力使員工們知道他們所擔任的位置對於整個事業的重大意義，這麼一來，這些員工無需監督，就能把事情辦得令人十分滿意。

　　然而，鑑別人才的眼力並非人人都有。

　　許多經營大事業失敗的人都是因為他們缺乏識人才的眼力，他們常常把工作分派給不恰當的人去做。他們本身儘管

第三章　領軍不如領一人，授權的藝術

工作非常努力，但他們常常對能力平庸的人委以重任，卻反而冷落了那些有真才實學的人，使他們埋沒在角落裡。其實，他們一點都不明白，一個所謂的人才，並不是能把每件事情做得很好、樣樣精通的人，而是能在某一方面做得特別出色的人。

比如說，對於一個會寫文章的人，他們便認為是一個人才，認為他管理人也一定不差。但其實，一個人能否做一個合格的管理人員，與他是否會寫文章是毫無關係的。

他必須在分配資源、制定計畫、安排工作、組織控制等方面有專門的技能，但這些技能並不是一個善寫文章的人就一定具備的。

其實很多的經商失敗者，都失敗在他們把許多不適宜的工作加到員工的身上，然後再也不去管他們是否能夠勝任，是否感到愉快。

而一個善於用人、善於安排工作的人就會在管理上少了許多麻煩。他對於每位員工的特長都了解得很清楚，也盡力做到把他們安排在最恰當的位置上。但那些不善於管理的人竟然往往忽視這個重要的方面，而總是考慮管理上一些雞毛蒜皮的小事，這樣的人當然要失敗。

有一些領導者在辦公室的時間很少，常常在外旅行或出去打球。但他們公司的營業絲毫未受到影響，公司的業務仍

然像時鐘的發條一樣有條不紊地進行著。

那麼，他們如何能做到這樣省心呢？他們有什麼管理祕訣呢？——沒有別的祕訣，他們只是善於把恰當的工作分配給最恰當的人。

如果你所選用的人才與你的才能相當，那麼你就好像用了兩個人一樣。如果你所挑選的人才，儘管職位在你之下，但才能卻要超過你，那麼你用的人才真可算得上高人一等。

在實際工作中，當然有這種情況，許多員工的辦事能力往往要在其上司之上，這些人只要機會一到，就立即可以自創事業。有很多本可以大建功業的人都是因為沒有把握好機會，以致一生默默無聞。不少青年人剛開始工作就顯出驚人的才能和做事的能力，但後來因為有了家庭、有兒有女，便不敢拿出全部的勇氣，去像他們的老闆那樣搏擊一番，打出一片新的天空——雖然他們也常常想：如果自己獨立奮鬥，成就絕不會在自己的老闆之下。

如果一個人能被委派一種責任重大的工作，同時又為上司完全信賴時，他往往容易在艱難環境的壓迫下和求勝心切的激勵下，立意要使自己工作做得很出色，一定會將他所有的才識、能力施展出來，他會竭盡全力做到讓上司稱心滿意。

反之，如果上司給他安排的工作與他本身的才能志趣不

第三章　領軍不如領一人，授權的藝術

合，同時上司還時時無理地干涉他、不肯完全信任他，那麼他對自己的工作一定很灰心，還會覺得在目前的職務上一定不能有大的發展。

這樣，他就只會每天聽著上司的命令，按部就班地工作著，而無法把自己全部的才能充分用到工作上去。他深知，自己雖然有成就大業的才幹和力量，但因為領導的不信賴，根本就無法發揮出來。

由此可見，領導者對員工的尊重和信賴是多麼重要。

成為「用人哲學家」

　　事業有成的經營者，無不是頭腦清晰，思維敏捷，各自有一套獨立完整的經營理念，使他們能夠面對變幻不定的局勢迅速地做出判斷和選擇，即使身陷重圍，處境險惡，也能扭轉時局，力挽狂瀾。

　　你的經營理念，就是你所從事的事業的靈魂所在，如果你的思想凌亂而不成系統，遇事就會心慌意亂，無所遵循，頭腦中一團亂，必將導致最後的失敗。

　　日本著名的企業西武集團總裁堤義明先生，年僅二十九歲就繼承父業，並憑藉一套獨特的經營哲學最終成為世界巨富。堤義明將西武集團從一個中型企業，發展成為今日控制日本的飯店、鐵道、百貨等服務行業的龐大帝國企業。

　　在堤義明的帶領下，西武集團的管理高層經常參加掃地和撿垃圾一類的活動。理由很簡單，在西武集團下屬的各種大小的公司裡，不論職位高低，一律將堤義明視為一個負責任、可以終生追隨的領袖。

　　堤義明實施了這樣的哲學理念：你想別人替你多做點事，你就得給他們更多的機會、更好的待遇和更大的鼓勵。當你

第三章　領軍不如領一人，授權的藝術

發現他是一個人才後，你必須給他最好的發揮機會。

真正的領袖，應該不考慮任何回報，而應該全身心地關心和愛護老百姓，為百姓謀利益。不過，在提升這個人之前，他要從各方面考察這個人，比如看看對方的妻子兒女，綜合評價他的工作能力、品性和家庭生活等各個方面，然後才能把這個人安排到合適的部門任其發揮自己的長處。

堤義明認為這種方法非常必要，一個不能成為家庭裡好丈夫、好父親的人，就不能成為公司裡成百上千人的好領導者。

現在，西武集團裡數以百計的董事級管理人員，都是堤義明從普通職員裡面選拔上來的。堤義明認為，他並不需要什麼天才人物，一個天才是不會盡職盡責的。他需要的是有責任感的老實人，他們會在自己的職位上得到滿足。這樣的人，才是企業最重要的人，堤義明並不看重學歷，他認為學歷的用處並不是很大，一個人的工作能力和他的學歷沒有什麼直接關係。

堤義明每年要招收數以千計的年輕人進入公司裡工作。對於這些年輕人，他採取一視同仁的原則，不管你是一流大學的，還是二流大學的，只要你能通過堤義明設置的能力測驗，就能夠加盟西武集團。一旦你進入了西武集團，你的學歷就成了一張廢紙，堤義明不相信這東西。對於沒有接受過

大學教育的年輕人，只要通過考試，堤義明就接納他們，只要他們能夠在工作中積極肯做，一樣能夠成為西武集團的骨幹人才。

堤義明認為人才的使用，不一定要有高學歷，但絕對不能沒有上進心和經得起痛苦考驗的忍耐力。對於大學畢業生或更高學歷的人，堤義明希望他們不要以自己的學歷來顯示他們的與眾不同，對於這些人，他一樣要求從最低層做起。所有進入西武集團的工作人員，平等享受以實際能力爭取上進的機會。西武集團排斥一切學歷、人情、金錢或其他非正當關係，這些關係無法使一個庸才獲取晉升機會，也不能阻攔一個有能力的人晉升到更高的職位。

堤義明將自己看成公司的大家長，他希望手下的人對他忠心耿耿，他的這種想法源自對儒家荀子哲學的不斷學習。荀子主張，一個領袖不能只是有學問，還要具備良好的品德。要達到這種境界，就要不斷地加強自身修養，學問加上品德，才具備了當領袖的條件。堤義明要求下屬要有嚴肅的家庭道德觀念，他自己也做到為人師表，率先垂範，公事之餘，他完全是家裡的好丈夫和好父親。

堤義明任用下屬的標準之一，是看他對自己是否忠心。

一次，堤義明選擇伊豆箱根鐵道的部門經理，本來有兩位專家是大家心目中的理想人選。出人意料的是，堤義明看

第三章　領軍不如領一人，授權的藝術

中了一個鐵道工作人員康村，因為此人對堤義明極為崇拜，堤義明的決定連康村本人都感到非常吃驚，康村認為自己的條件不符合要求，婉言回絕了。

堤義明對康村說，我知道你擔心那兩個有資歷的專家不會聽從你的調遣，你儘管放心去做好了。對於伊豆箱根的事務，堤義明只聽康村一個人的匯報，他也從來不聽越級申訴。由於康村在基層裡工作多年，對伊豆箱根的情況瞭若指掌，當康村將部門經理的人選名單呈報給堤義明時，堤義明馬上同意了，他相信康村是絕對忠誠的。那兩位專家起初不服從康村的調遣，但康村在下達命令時，會提醒他們說這是堤義明的指令，他們也只好服從了。

半年過去了，兩位專家始終也沒有機會和堤義明說上一句話，他們終於死心了，這樣，康村在伊豆箱根鐵道的地位就樹立起來了。

堤義明並不對那些所謂的聰明人抱有好感，只是誰對工作全力投入，他就關注誰。即使是一個普通員工，只要他表現出色，堤義明就格外看重他，會把好的發展機會給予他。

西武集團的全體員工被堤義明的哲學思想緊密地團結在一起，所以他們具有強大的凝聚力、戰鬥力和向心力。

放權後，記住別再干涉

　　明智的領導者對授權的事情只決定了大概，其他細節部分則交給被授權人處理，這是一個讓被授權人發揮能力的機會，而且，他們對工作細節的了解也比領導者多。

　　但是，有時當被授權人決定的事情，已經開始有進展時，他的上司又突然出面干涉。結果，一切都要等主管裁決後才能運作。雖然他口頭上說要權力交給下屬，但事實上，決定權還是在他手上。因此，領導者事先要和被授權人做好意見溝通，不能說好「都交給你」，還要過分干涉。一旦說出這句話，就要有不隨意干涉的覺悟，否則會讓下屬失去工作熱忱。

　　領導者如果沒有「委託」的自信，之後又想干涉的話，那麼最好整件事從頭到尾都由自己決定。「委託」並不是件壞事，當自己決定將任務交給別人去做時，即使真有不滿意的地方，也不能再發表意見。

　　當被授權人由於無法對付某個問題而感到苦惱時，身為領導者不妨以個人的經驗提供給負責人一些方法。然而許多時候，情況往往在開始時便弄巧成拙；領導者雖想用溫和的

第三章　領軍不如領一人，授權的藝術

方式傳達給被授權人，但是語氣上卻隱含命令的意味，那麼被授權人表面上也許接受，心裡卻未必服氣。

因此，這一點必須特別注意。要知道，當負責人因為不知如何做而感到悶悶不樂的時候，領導者如果趁機在一旁干預，對於負責人而言，或許意味著對他們不信任。

在此情況下，領導者不妨對被授權人表示：「如果是我，我會這麼做……你呢？」以類似的做法來指導被授權人，不但可保持自己的立場，也可將意見自然地傳達給被授權人。甚至被授權人極可能會認為領導者是站在自己的立場上考慮。這樣，領導者說服的目的便達到了。

如果領導者硬是規定被授權人必須按照自己的方法去做，那麼負責人除了服從以外，便毫無選擇可言。其次，對被授權人而言，只要服從領導者的指示，自己根本不必花頭腦思考，反倒輕鬆，何樂而不為呢？

然而事實上，領導者直接表示自己的方法，畢竟無法讓被授權人真正學到工作的實際技巧。

如果領導者能夠指出多種方法，讓被授權人有機會加以思考，被授權人一方面會認為領導者是給自己面子，另一方面則將提高對領導者的信賴感。

此外，領導者在指導工作時，有時也可稍微改變說話的

方法及語氣。例如可先考慮對方的立場，讓對方了解你的利益，也就是他們的利益。如此指導工作就可事半功倍。

在交往中「講話和談話」並不困難，但是領導者要讓對方理解則不容易。就是說，要讓對方用耳傾聽並不難，要讓對方用心思考則不是件容易的事。在教導他人時，必須認識此兩者的差異，才能達到預期的效果。

當被授權人有過失時，無法將前述兩者劃分清楚的領導者，便會一味地想把自己的知識告訴對方。

例如向他們指出：過失的原因在於此時此地發生此事，經由某作用而產生某影響，所以我們應該如何做。如此就變成講課了。話雖然進入對方腦中，但卻不是對方切身需要的東西，因此無法吸收甚至容易將之遺忘。

所以，最好明確指出其過失所在，但暫時不必指導該如何做、以及如何追蹤過失等方法，讓對方有自我思考的餘地。而當對方能自己思考，卻又無計可施時，自然會發問：「這裡該怎麼辦？」

此時再給予適當的意見，才是最合乎實際的指導方法。

有些領導者為了提高工作效率，往往希望以最簡單的方式將知識傳達給被授權人，而不讓被授權人自己去思考。如此將無法培養出優秀的人才。這是領導者必須注意的。

第三章　領軍不如領一人，授權的藝術

　　人大多有較強的自尊心、成就感和榮譽感，有透過自己的努力去完成某項工作或某種事業的要求和願望。因此，領導者應該充分信任他們。授權之後就放手讓他們在職權範圍內獨立地處理問題，使他們有職有權，創造性地做好工作。對他們的工作除了進行一些必要的指導和檢查，不要去指手畫腳，隨意干涉。

　　作為領導者，要想充分發揮被授權人工作的積極性和創造性，一方面要放權，使被授權人在一定範圍內能自主決斷。

　　另一方面要設身處地地為被授權人著想，勇於承擔被授權人工作中的失誤，不能有了成績是領導有力，出了過失即被授權人無能；要言而有信，不能出爾反爾，言行不一，否則被授權人就會對主管失去信任，領導者也會因此而喪失威信。

　　因此，領導者授權時，一定要注意，既然他有能力，就讓他大膽發揮手中的權力，讓他動腦筋當自己的主人；同時，他出現難題時，還要在恰當時候給予指點。

授權也是門學問，要講究策略

從領導科學的角度講，授權是一種用人策略，能夠使權力下移，而使每位下屬感到自己是分擔權力的主體，這樣就會在權力的支配下形成更為有效的凝聚作用和責任力度。

領導者授權給下屬，既不是推卸責任或好逸惡勞，也不是強人所難。

授權一般要遵循必要的原則，防止無限制的授權：

◆ **授權要展現目的性**

授權要以組織的目標為依據，分派職責和委任權力時都應圍繞著組織的目標來進行，只有為實現組織目標所需的工作才能設立相應的職權。

另外，授權本身要展現明確的目標：分派職責時要同時明確下屬需做的工作是什麼，達到的目的和標準是什麼，對於達到目標的工作應如何獎勵等。只有目標明確的授權，才能使下屬明確自己所承擔的責任。

第三章　領軍不如領一人，授權的藝術

◆ 授權要做到權責相符

下屬履行其職責必須要有相應的權力。責大於權，不利於激發下屬的工作熱情，即使處理職責範圍內的問題，也需要層層請示、勢必影響工作效率。

權大於責，又可能會使下屬不恰當地使用權力，最終會增強領導者管理和控制的難度。

◆ 明確授權範圍

一個企業或公司有多個部門，各個部門都有其相應的權利和義務，領導者授權時，不可交叉委任權力，這樣會導致部門間的相互干涉，甚至會造成內耗，形成不必要的浪費。

領導者授權除遵守一般性的原則外，可以使用充分授權的方法。充分授權是領導者在向其下屬分派職責的同時，並不明確賦予下屬這樣或那樣的具體權力，而是讓下屬在本管理者權力許可的範圍內自由發揮其主觀能動性，自己擬定履行職責的行動方案。

充分授權方式的最顯著優點是能使下屬在履行職責的工作中，實現自我，得到較大滿足，並能充分發揮下屬的主觀能動性和創造性。對於領導者而言，也能大大減少許多不必要的工作量。

而其策略是：

◆ 其一，因事擇人，視德才授權

授權的一條最根本的準則就是要因事擇人，視德才授權。授權不是利益分配，不是榮譽照顧，而是為了把事情辦好。

因此要選擇思想品格端正、有事業心和責任心、有相應才能又精力較充沛的人，授之以權。

◆ 其二，不可輕易授權

凡涉及到有關組織的全域問題，如決定組織的目標使命、發展方向、人員的任命和升遷，以及重大決策問題等，不可輕易授權。一般應當交給專門的研究機構或顧問機構提出決策分析方案，最後由高層主管直接決策。

◆ 其三，關心、支持被授權者，及時給予指導

領導者要做被授權者的堅強後盾，經常地給予必要的支援和指導，以防止在執行過程中可能出現的偏差和延誤，幫助解決可能產生的困難。

◆ 其四，不越級授權，不授權力之外之權

現代領導體制都是逐級領導負責制，具有明顯層次性。授權不能隨便跨越層級，而只能逐級進行，否則就會引起混亂。

同時，授權只能授自己職權範圍內的權力，而不能把別人的權力授給自己的下屬，否則就會引起更大範圍的混亂。

第三章　領軍不如領一人，授權的藝術

第四章
團隊合作，贏得企業接力賽

商業完全是從每個人那裡獲取聰明才智的一件事……你能獲取聰明才智的人越多，聰明才智的品質越高。

第四章　團隊合作，贏得企業接力賽

執行力是一種職責，非執行不可

究竟什麼是執行？又是如何執行？

對員工而言，執行就是完成任務的過程。對企業領導來說，該如何執行呢？

答案是，各級領導必須參與到自己職能部門的具體工作之中，親力親為，成為帶動全域的引擎。尤其是最高領導者。

1、只有躬身力行的領導者才能形成執行文化

對企業領導者而言，執行是一套系統化的運作流程，包括領導者對方法和目標的嚴密討論、質疑、堅持不懈地跟進，以及責任的具體落實。

它還包括對企業所面臨的商業環境做出假設，對組織的能力進行評估，將策略、營運及實施策略的相關人員進行結合，對這些人員及其所在的部門進行協調，以及將獎勵與產出相結合。

執行力是一種職責，非執行不可

很多企業領導者都認為，作為企業的最高領導者，他不應該屈尊去從事那些具體的工作。這樣當領導者當然很舒服了：你只需要站在一旁，進行一些策略性的思考，用你的遠景目標來激勵自己的員工，而把那些無聊的具體工作交給手下的經理們。自然，這種領導工作是每個人都嚮往的。

企業領導者的行為最終將成為整個組織的行為。因此從某種意義上來說，領導者的行為是整個企業文化的基礎。最為重要的是，企業的領導者和他的領導團隊必須親自參與到人員、策略、營運這三個流程當中，這三個流程最重要的實踐者應當是企業的領導者領導團隊，而不是策略規劃人員、人力資源經理或財務人員。

領導者需要有一種執行的本能，他必須相信，「除非我讓這個計畫真正變成現實，否則我現在做的一切根本沒有意義」，因此他必須參與到具體的營運過程中，參與到員工當中。

只有這樣，他才能對企業現狀、專案執行、員工狀態和生存環境進行全面綜合的了解，才能找到執行各階段的具體情況與預期之間的差距，並進一步對各個方面進行正確而深入的引導。這才是企業領導者最最重要的工作。而且不論組織大小，這些關鍵工作都不能交付給其他任何人。

舉例來說，企業應該以人為本，員工應該是一個企業最

第四章　團隊合作，贏得企業接力賽

重要的核心資產，只有親身實踐的領導者才能真正了解自己的員工，而只有在真正了解自己員工的基礎上，一名領導者才能做出正確的判斷。畢竟，正確的判斷總是來自於實踐和經驗。

對於一個組織來說，要想建立一種執行文化，其領導者必須全身心地投入到該公司的日常營運當中。領導並不是一項只注重高瞻遠矚的工作，也不能只是一味地與投資者和立法者們閒談──雖然這也是他們工作的一部分。領導者必須切身地融入到企業營運當中。

2、領導者是帶動全體員工的引擎

可以想像，如果一支球隊的主教練只是在辦公室裡與球員達成協議，卻把所有的訓練工作都交給自己的助理，情況會怎樣？

那將一塌糊塗。主教練的主要工作應當是在球場上完成的，他應當透過實際的觀察來發現球員的個人特點，只有這樣他才能為球員找到更好的位置，也只有這樣，他才能將自己的經驗、智慧和建議傳達給球員。

對一位企業的領導者來說，情況也是如此。

只有最高領導者才能確定、影響企業文化的風格。因為

執行力是一種職責，非執行不可

只有最高領導者才能左右組織中對話的基調，而這種基調對企業文化會產生決定性影響。

那麼，在你的組織裡，人們的談話是充滿了虛偽造作、支離破碎的色彩，還是能夠從實際出發，提出適當的問題，針對這些問題展開具體的討論，並最終找出正確的解決方案？

如果是前者，你可能永遠無法了解企業的實情；如果是後者，領導者就必須親力親為，與自己的管理團隊一道以巨大的熱情和精力，深入到企業的具體營運當中去，身體力行地像引擎一樣帶領員工，去面對和解決每一個問題。

第四章　團隊合作，贏得企業接力賽

執行文化，成為行為準則的基石

問題已經發現，怎樣才能解決？頭痛醫頭，腳痛醫腳當然不行，它只會讓企業更加忙亂。根本的解決之道，是建立一種執行文化，讓所有文化的終極——執行文化來影響執行者的意識，進而改變他們的心態，最終讓執行者自覺改變行為。

既然所有企業文化都以改善執行效果為最終目的，那麼，我們為什麼不可以直接建立一種「執行文化」呢？

1、建立一種執行文化

真正優秀的企業，一定是奉行「執行文化」的企業。沒有執行力，就沒有競爭力。

市場是變化的市場，變化的市場要求企業隨時根據市場動態調整策略，快速執行決策，執行速度的快慢、準確到位的程度決定了企業競爭的勝負。

因此，所有企業間的競爭，事實上都是執行力的競爭，因為任何新的策略和模式都會引來眾多的模仿者；所有企業

的問題,事實上都是人的問題,而只有文化才能改變人的意識,從而改變人的行為。

可以這樣講,多數企業的失敗,是由於沒有建立起一種執行文化,進而無法充分發揮自己的潛力所致。

2、視執行文化為所有行為的最高準則

執行文化,就是把「執行」作為所有行為的最高準則和終極目標的文化。所有有利於執行的因素都予以充分而科學的利用,所有不利於執行的因素都立即排除。該解僱的解僱,該獎勵的獎勵,所有「辦公室政治」、各種勾心鬥角、拉幫結派和是非謠言都堅決杜絕。然後逐漸讓所有員工從意識深處習慣並認同公司宣導的執行觀念和執行文化,以一種強大的監督措施和獎懲制度,促使每一位員工全心全意地投入到自己的工作中,並從骨子裡改變自己的行為。最終,使團隊形成一種注重現實、目標明確、簡潔高效、監督有力、團結、緊張、嚴肅、活潑的執行文化。

如果一個企業奉行的是一種執行文化,那麼企業的競爭力將前所未有地被激發出來。執行文化,將使企業達到運作的最高境界。

第四章　團隊合作，贏得企業接力賽

從理念到文化：
如何讓他們心悅誠服

　　一場革命的成功取決於兩個重要的因素：人員參與的廣泛性和革命思想的深入性。人員參與的廣泛性取決於環境和宣傳的力度；革命思想的深入性則取決於教育的徹底性。

　　顯然，企業文化建設就是要從這兩方面入手，做好環境布置，進行深入宣傳，加強培訓教育，轉變員工觀念，將企業文化植入員工的心靈深處，並結出豐碩的果實。

　　企業都是在一定的文化環境中存在的，企業的文化環境至少應包括兩個內容：環境和制度。

　　兩者的關係是：環境引導人的理念，制度約束人的行為，做好企業文化工作要一手抓軟的環境建設，一手抓硬的制度建設，兩手都要抓，兩手都要硬，只有這樣才能保證企業健康有序地發展。

1、軟環境建設

(1) 培養價值觀念

在 Motorola，一個領導者首要的責任並不是去做決定或者指揮，而是要去創造和保持一種催化環境，要去為其他人提供可以學習的「遺產」、並透過 Motorola 的制度系統鼓勵對這種遺產進行再創造。

企業文化是老闆文化，老闆必須是企業文化的設計者。一個老闆當他有了一種正確理念的時候，一定要把這種理念變成一種文化，進而一定要讓企業文化部門真正掌握、了解這種思想。

企業文化部門要肩負起「翻譯」的重任，要下大力氣，把老闆的思想用大家聽得懂、看得明白的標語、口號、宣傳等形式充分傳出去，做到人人清楚、個個明白，同時企業文化部門還要採取各種有力措施力求在較短的時間內使每個員工能夠將這種理念變成自己的行為理念，這才是企業文化要達到的根本目的之一。

一個老闆如果不能將自己的理念變成文化進而讓大家接受，這個老闆註定是失敗的老闆。

第四章　團隊合作，贏得企業接力賽

(2) 激勵員工動機

　　管理不僅在於知，更在於行。企業文化建設說起來容易做起來難，改變人的觀念尤其難。對企業來講，這是最費工夫的事，它是一個過程，沒有捷徑，沒有竅門，更不可能一蹴而就，只有透過反覆抓重點，才能夠將企業文化不斷地融入每個員工的心裡，而一旦企業文化深入人心，必將對企業產生巨大的力量。

　　企業文化作為人的精神需求，是一塊肥沃的土地。在這裡，管理者可以盡情播下敬意、希望和鼓舞的種子，這是員工被激勵時最需要的動力。

　　企業文化是與時俱進的。管理者永遠不要認為企業文化是一成不變的，或認為現狀「已經夠好」，未來是無限的。如果一昧地攀附過去，畫地為限，企業文化就容易成為員工前進的絆腳石，錯誤地引導和激勵員工，使其舉步難行，失足掉進「過去文化」的陷阱裡去，自己摔得粉身碎骨之餘，還將企業搞得一塌糊塗。

　　美國奇異總裁傑克·威爾許說：「一家公司可以透過重組，排除官僚制度與規模的裁減來提高生產力；然而，若沒有文化上的改變，就無法維持高生產力的成長。生產力不成長，又何談激勵員工？」

(3) 企業環境

　　任何企業都處在一定的社會環境和自然環境之中，受環境的制約和影響。因此，企業在盡最大努力去適應環境的同時，還應該積極影響和改造環境，只有與客觀環境實現動態平衡，企業才能協調發展。

　　創造良好的企業環境包括以下兩個方面：

　　一方面，協調好企業內部環境：

- 形成良好的經營環境，以員工的密切合作來營造良好的經營秩序；
- 企業應當透過培植價值觀念、創造民主氣氛、融洽人際關係、激勵員工動機來增強內部員工的凝聚力和活力。

　　另一方面，協調好企業的外部環境：

- 妥善處理外部公眾關係，創造良好的關係環境；
- 永遠保持科學技術領域的優勢；
- 樹立社會道德標準和社會價值觀；
- 努力創造企業與自然環境間的和諧。

第四章　團隊合作，贏得企業接力賽

(4) 用情傳播企業文化

建設企業內部環境文化的目的是加強員工的凝聚力。而加強目標的凝聚力要從情感的連繫入手，進而達到價值觀的高度認同，最終實現目標的彼此內化。使大家團結一致，完成工作任務。

企業文化是企業智慧的結晶，它的耀眼的光芒會永遠激勵員工創新的欲望，並隨時尋找改進事物的方法。有情感是人性最大的優點，也是用人和工作中最大的弱點，企業從情感連繫入手很容易俘獲人心。但情感連繫是手段而不是目的，加強情感連繫的根本目的是讓員工從心裡接受企業的價值觀，只有統一價值觀，員工才會與組織同心協力地去實現企業的目標。

然而要想將員工真正植根於企業文化中，還需要全體員工通力合作和不斷學習，使每個人的不同才能滿足不斷變化的市場需求。

為此，有時就需要管理者扮演虔誠的牧師的角色，不斷地用「情」播企業文化的種、布企業文化的道，使員工的精神需求聚集在企業文化的手掌心。若能使企業文化與員工達到「彼此相愛」這種爐火純青的地步，其激勵效果必將使管理者心花怒放。

又由於企業文化的自然演進過程是緩慢的，而且新文化的形成是對舊文化的挑戰，所以管理者需要不斷加強傳播，使員工潛移默化地認同企業文化。

2、硬制度建設

制度與文化有何關聯呢？

(1) 制度產生文化

出於企業管理的目的，企業首先要讓員工明確必須做什麼，由此形成了一系列約束員工的行為規範和標準，即企業制度。

對一個企業來說制度就是法律，好的法律不僅是約束，更是一種對全體人員的共同約定，是一種工作標準，是一種受到明確的保護活動空間和工作保障，是企業員工行為規範、工作標準、工作目標等最好的培訓教材。

對於員工來說，制度的最初產生不是出於員工的意志，而是企業意志的展現，既然不是員工意志的展現，那麼為何要員工遵守制度呢？

一方面，企業管理的最高境界是無管理，無管理即不用靠人的主觀意志或標準來管理，而是用制度來進行管理，顯

第四章　團隊合作，贏得企業接力賽

然，要消滅人治管理，制度建設就必須完善加強。

另一方面，企業制度之所以約定俗成，是因為現存的企業制度解釋了企業之所以生存下來的理由，也就是說員工在遵守制度的同時，也必須接受企業的過去。企業的過去是什麼呢？就是企業過去的歷史、文化、資產狀況。可是員工又為什麼要接受企業的過去呢？因為任何一個時間概念上的現在總要以過去的累積為歸宿，所以，員工接受過去等於接受現實中的存在。

那麼制度可不可以讓員工接受未來呢？

企業的未來是不可知的，當企業主大談企業藍圖時，員工心裡想你的宏偉計畫與我何關呢？這時企業主告訴他：我與你約定，實現企業未來計畫的話，我就給你多少多少的報酬。這個約定就是制度，沒有制度，員工就不會接受企業對未來的預期，員工也就提不起積極性。

當然，再完善的企業制度隨時都有面臨淘汰的危險，這就需要管理者站出來改正，告訴員工制度的目的是什麼？在制度執行過程中，哪些做法符合制度建立時的價值取向及企業預期目標，同時又有哪些違反了價值取向。企業該如何防止員工偏離了企業制度的核心價值呢？

答案是只有建立企業文化。

(2) 文化複製制度

如果概括企業文化對於管理的作用,那就是:企業文化是企業制度的布道者,制度產生文化,而文化又複製了制度。

對企業來說,企業文化不是口頭上說說是什麼和怎麼做的概念,而是將變化中的經營思想細化到企業生產中的每個環節,透過採用新的管理方法和制度來激勵員工,實現員工行為上的改變。

要使員工在過去和未來之間進行自我管理,就必須建立用制度激勵員工的現代企業制度,也只有在這個基礎上,才能建立起符合制度的核心企業文化。

第四章　團隊合作，贏得企業接力賽

成功公式：
平凡人 × 明星員工＝卓越企業

一個組織或者公司裡真正的優秀人才最多只有5%，偉大的科學家愛因斯坦的IQ是135分，那麼在你的組織或者公司裡IQ在135分以上的有幾個呢？

其實人類學家早就研究過了，大部分人的智商都在100～115分左右，這占90%以上。這就證明大部分人的智商是差不多的，差別只是在於是否有成功的機遇。

一位曾經成功的企業家說：「我們沒有時間培養幹部，只有時間使用幹部。結果變成了一個英雄帶領一群笨蛋的悲劇。也正是這些悲劇中的英雄喜歡把失敗的部分原因歸咎『伯樂常有，千里馬難尋』」。

的確，千里馬是不好找，因為他們是社會的精英，屬於具有特別天賦的人。而事實上企業不可能只這些有特別天賦的人。企業只能像牧馬人一樣，找那些有一定素養的「良駒」，加以正確的管理和良好的培訓，使他們成才。

在達佛斯年會裡，與會人員認為公平、溝通技巧、調動員工積極性和建立結構多元化和人才多樣性的企業等能力是

成功公式：平凡人 × 明星員工＝卓越企業

新世紀有效的管理者必備的素養。

大部分成功的公司都是靠擁有中等知識的一群人，加上少數的明星來運作的。

麥當勞有一套獨特的管理方式，為了保持餐廳地面乾淨，他們每三十分鐘清掃一次，而且規定在全體人員上線的時候，經理要下去掃地。麥當勞有一句名言：「面對顧客我們全部都是員工，沒有經理。」這表明他們一視同仁，眼中根本沒有超級明星。

到麥當勞吃飯，隨著「歡迎光臨」的一聲問候，整個麥當勞都開始替你服務。麥當勞有一個規定，在點餐的時候，如果一個收銀臺站的人非常多，其他的銀臺服務員會招呼你去他們那裡點餐。這就表示他們都是一個團隊。這中間沒有明星。

1、金字塔概念

我們都喜歡關注、研究領導人 —— 不管是國家的領導人還是企業的領導人，而對於基層人員卻少有關注。

把金字塔想成一個政府或者一個國家，金字塔塔尖代表的是國家最高領導人，如總統、總理，他們只是這個金字塔的一小部分；底下龐大的基座是全國的公務人員，他們組成了金字塔的大部分，可以說國家更多的基本工作是他們做

第四章　團隊合作，贏得企業接力賽

的。對一個企業來講也是如此。一個企業有資格站在金字塔塔尖上的只是總經理、副總經理或者部門經理，而大部分的工作需要為數眾多的員工去完成。

即使金字塔的塔尖是金剛鑽做的，但是基座如果是石灰岩，那麼長時間的風吹雨打金字塔也會崩塌；但金字塔的塔尖如果是木頭做的，基座是鋼筋水泥，即使雨打風吹也將屹立不搖。其實真正的埃及金字塔經過四五千年來的風吹雨打，塔尖幾乎都不見了。因此一個領導人要做的就是把框架制定好，遊戲規則制定好，其他的事情就可以放手讓下屬去做了。

一個領導者眼中不能只有超級明星，而應關注整個企業，領導人是金字塔的塔尖，而更多的企業員工是金字塔的基座。

2、分工不同，要求應不同

下面這個故事，對我們應該很有啟發：

有一個船夫在水流湍急的河中擺渡，哲學家上了他的船。

哲學家問船夫：「你懂得歷史嗎？」

船夫說：「不懂！」

「那你就失去了一半生命。」

哲學家惋惜了一會兒又問，「那你研究過數學嗎？」

船夫說:「從來沒有!」

「那你已失去了一半以上的生命!」哲學家十分惋惜地說。

這時,一個大浪把船打翻了,哲學家和船夫都落在了水中。

船夫問哲學家:「你會游泳嗎?」

哲學家在水中斷斷續續地說:「不 —— 會 ——」

「那你就失去了整個生命。」船夫說。

這則故事說明人與人分工不同,對其要求就不能相同。

企業中的管理層與業務層、決策層與執行層由於分工各不相同,其工作重點也不相同,一方不能用自己的工作重點及標準來衡量另一方。不同層面上的人,只有實現很好的溝通,才能精誠團結、互相救助,企業的船才能永不沉沒,一往直前。

3、公平對待下屬

無論在調查問卷還是在座談會上,大家都一致反映:「希望上司能夠公平待人」。

對員工事務一律公平處理是理所當然的,為何大家還要如此激烈呼籲?由此反映出某些管理者對待下屬並不公平,因此到底如何公平處事,實在是一個大學問。

第四章　團隊合作，贏得企業接力賽

　　管理者對某個員工整日無所事事視而不見，卻將某事集中於另一個員工。或者將困難、複雜的工作分派給生手，卻讓熟手做些簡單的工作，這都是處事不公平的表現。

　　經理對於自己有經驗或較感興趣的工作，總是給予較多的關注。此時從事另一項工作的員工一定會察覺經理對於他的忽略，因而感覺受到了不公平的待遇。

　　管理者批評員工時如果只批評某些人，那麼員工一定會爆發不滿的情緒；同樣，總是派某個員工執行工作，或對某人顯出冷漠的態度，都會令員工感到不公平。

　　在某公司的一次座談會上，有些女職員反映道：「上司經常會批評男職員，對男職員的一舉一動也格外注意，但對女職員卻不然，顯得非常客氣，我希望對下屬在該罵時，不要有性別之分。」

　　她們之所以有此希望，是感到管理者處理的不公。

　　對於同事眼中的優秀員工，管理者未予加薪，獎金也少得可憐，而對那些混日子的員工卻加薪、分紅等，當然會令人覺得不公平。

　　最近許多公司都趨向於以能力來決定酬勞，這正是為了更正以往的不公平待遇。很多員工希望採取「實力主義」或「能力本位」來決定員工的報酬。

與高層好聚好散：
你必須懂的「分別學」

對一個公司或企業來說，高層管理人員的離職一般也是難以避免的。但很多企業高層管理人員離職都離得不愉快，其中多數是因為老闆承諾的沒有兌現而鬧得不愉快甚或使高層人員對老闆懷恨在心。

企業的商業機密、核心技術，甚至企業的人力資源，通常被高層管理人員所掌握，如果沒有處理好離職問題，他可能帶走你的商業機密、技術，甚至挖走你一大批人才。

此外，一個高層管理人員，在你的企業裡，可能並不一定能夠為你創造多大的價值，但如果他成為了你的仇人並進入競爭對手的企業裡，他對你的企業產生的破壞作用卻不可估量，因為他太清楚你的軟肋在哪裡，招招都可以要你的命。

因此，你要做到和他們好聚好散，承諾了就予以兌現，多一個朋友總比多一個仇人強。

但是有一些老闆卻認為：他都要走了，還有必要把他當成朋友嗎？

第四章　團隊合作，贏得企業接力賽

　　這種想法是不對的。正因為要走了，才更應該把他當成朋友，他在你身邊時，不會傷害你，如果你不把他當成朋友，他不在你身邊時，傷不傷害你就很難說了。

　　某大型機械企業的老闆是白手起家，他有一個錯誤的觀念：社會上到處是人才，不想做和做不好的通通開除。

　　有一次，他因為業務部經理對某件並不大的事情的處理不恰當而一氣之下將其開除。這位業務部經理掌握著該公司全部的市場資源，他本人自然也早就成了同行一直想挖走的人才。在聽到該經理被開除消息的當天，就有三家同行企業邀請該經理加盟，其中一家開價年薪百萬，在該經理答應加盟的當天就在其存摺上存了半年的薪資。

　　作為一名高級經理，被老闆盛怒之下開除，該經理覺得面子上十分過不去，窩著一肚子氣無處發洩，到了新公司後，他大展手腳，直接針對原企業的市場採取進攻策略，在不到三個月時間裡，吞掉了原企業三分之一的優質市場。

　　從該事例中可以看出，對待企業或公司的高層人員的離職應該謹慎，切不可因一時憤怒而開罪他，如此，才能保證你的企業得以正常運行下去。

不要迷信「外來的和尚」

人們都說「外來的和尚」會唸經，但作為領導者要明白的是，這經文不一定就是你的「廟」所需要的。即使是你的「廟」所需要的，也需要「外來的和尚」和「內部的和尚」共同來唸，甚至完全要由「內部的和尚」來唸才能發揮經文的作用。

尤其是請來「外來和尚」的時候，千萬別冷落內部的和尚，更不能打擊「內部和尚」的積極性。

現在，有一幫遊動在企業之間的人，社會上稱他們是顧問人員，老闆尊稱他們是管理專家，企業員工稱他們是「外來的和尚」──不高興時也私下裡稱他們為「江湖騙子」。

諮詢人員傳授的是管理理念或方法，在他們向老闆推薦某種管理方法時，他們聲稱這種理念或方法可以解決企業存在的一切問題，可以在幾天時間或幾個月的時間裡讓企業發生根本上的成長，產值翻幾倍等。

老闆們在這些專家面前，似乎個個智商都變低了，竟然很輕易就相信了。有些老闆就像一群身體發福的婦人尋找減肥藥一樣，今天試這種藥，受一陣折磨，無效；明天又試另

第四章　團隊合作，贏得企業接力賽

一種藥，再受一陣折磨，還是無效；後天再試一種藥……如此下去，花了大把鈔票，吃盡了苦頭，身上多餘的肉仍留在身上。

在此，提醒這樣的老闆們：專家也是人，而不是神。專家的優勢是頭腦裡裝著新的管理理念和管理方法，但他們並不了解你的企業內部的實際情況，專家提出的方案再好，還得由內部的管理人員來推行，只有這樣，才可能給企業帶來效益。

有一家企業的老闆出身於普通人家，他自感學歷不高要加強學習，於是，他每週都去大學裡聽講座，看到有覺得不錯的專家，就往企業裡拉攏。兩年裡，他拉了三批專家回去，企業裡的人誇張地說「外來的和尚」比「內部的和尚」還多。

第一批人到公司後，宣稱找出了企業的十大絕症，把內部的管理人員批評得一無是處，然後拋出他們的再造工程方案。兩個多月過去了，再造毫無效果，再造費花了六十萬元。這一批專家走時還振振有辭：再造工程方案本身是十分先進的，只是內部的管理人員推行力度太差而沒有達到十分理想的效果。

第二批人到公司後，宣稱發現企業組織結構和人力資源管理已經危及到企業生存了，於是鬧了個天翻地覆，把組織

不要迷信「外來的和尚」

全部重新編，中高層管理人員也來了一次大調整，辭退的辭退，降職的降職，平調的平調，除了「主持」——老闆沒動外，其餘人都動了，搞得人心惶惶。這些人在公司工作不到一個月就灰溜溜地走了，但他們心裡絕對不是灰溜溜的，因為八十萬元的顧問費已經到手了，該做三個月的工作只做一個月，不用提有多高興了。

第三批人開出了三百萬元的天價，宣稱對企業進行為期一年的包括十二個方面的流程再造，保證在一年內讓該企業成為行業老大。這批人中領頭的口才很好，非常具有煽動性。老闆聽了他的「演講」之後，以為遇到真正的專家了。這批人沒有得罪「內部的和尚」，倒是成天關著門抄書，制定出一本又一本讓人似懂非懂的流程再造文件。但老闆卻把「內部的和尚」傷透了，他把「內部的和尚」與「外來的和尚」對比評論，覺得「內部的和尚」無論口才、形象還是氣質，都差一大段距離，於是大會小會表揚「外來的和尚」，批評「內部的和尚」，「內部和尚」被罵得一個個沒精打采。

三個月過去了，這批專家的文件倒是下發了不少，但幾乎看不到效果，六個月過去後，內部的人員幾乎都忘記了某一間屋子裡還有幾個人在抄書，九個月過去後，這批人自己走了，反正三百萬元到手了，何必再待下去呢？待滿十二個月反而下不了臺，因為他們的再造文件絲毫看不出可以讓企

第四章　團隊合作，贏得企業接力賽

業成為行業老大的跡象。老闆也覺得上當了，並且意識到傷了「內部和尚」的心，想做點補償。遺憾的是，「內部的和尚」也走了好幾個，看著那一堆沒有發揮作用的流程再造檔，老闆氣不打一處來。

客觀地說，顧問人員的努力，的確可以使企業界的整體管理水準提高，但絕對不是某些顧問人員吹噓的那樣立竿見影，更不是一種包治百病的良藥。

積極吸收新的管理理念，學習新的管理方法，絕對是正確的，聘請顧問為企業診斷也是對的。但有一點必須切記，「外來的和尚」帶來的經文，最終得由「內部的和尚」來誦讀。有些老闆在請到顧問專家時，就把內部的管理人員批評得一無是處，結果，「外來的和尚」沒有發揮什麼作用，「內部的和尚」也失去了積極性，這豈不是得不償失？

因此說，企業的老闆對待「外來的和尚」一定要慎重，為避免傷害「內部和尚」，老闆一定要注重對「外來和尚」與「內部和尚」關係的協調和溝通，以共同把企業的這部經唸對、唸好。

相馬不如賽馬，選才不如試才

無論如何，我們都得承認一個事實：學歷高的人，文化水準通常高一些，綜合素養通常高一些。但是，學歷絕不等於能力，學校裡不乏高分低能的學生，社會上不乏高學歷的庸才。

相馬不如賽馬，選才不如試才。

對於任何一個企業的員工，我們都可以分為五類：

- 「人財」：能給企業帶來財富的員工，是企業的人才資源；
- 「人材」：有培養價值，可以成長為「人財」的員工，是企業的後備人才資源；
- 「人才」：有才華有能力有本事的員工，放在社會任何一個地方，都可以做出一定的成績來，但剛到企業裡，還有一段時間的磨合期，能否被企業文化同化，能否為企業所用，還需要時間來檢驗。這類人可以透過文化同化，直接成為「人財」；
- 「人在」：即存在於企業裡的，但沒有發揮什麼作用的人，這種人可有可無；
- 「人債」：即存在於企業，不僅沒有發揮作用，反而起破壞作用的人，這種人應該果斷予以解僱。

第四章　團隊合作，贏得企業接力賽

上面劃分出的五種人，採用的標準是「能否為企業所用」。能為企業所用，並且為企業創造價值的就是人才。

這個標準，其實在很多老闆心目中都有，但他們在尋找人才時，總是離不開學歷，以為高學歷的人都是人才，選取高學歷的人才比選取低學歷的人才更保險。一些人看準了老闆們的這種心態，不惜花錢買假文憑，從而造成了又一個造假行業的興旺。

伯樂相馬，是千古流傳的經典。就馬而言，相外表論優劣有一定的科學性，因為馬是靠體格優劣來創造價值。但人卻不一樣，人是靠智慧創造價值。外在的東西，諸如外表、證書等都是看不出他能夠創造多大價值的。否則，僅以這些外在的東西作為衡量人才的標準，那麼，吃虧的注定是企業。

某企業有一位十分迷信高學歷的老闆。當他聽說MBA很了不得時，他把某名牌大學MBA班的全體學員拉到他的公司舉辦活動，藉以網羅這些了不得的人才。

剛開始時，他一下子網羅了十名MBA。這一下，他以為自己占據了人才高地，對外四處宣揚，對內呢，將原來的得力幹將說得一無是處，並將大部分中高層管理者降職，取而代之的是MBA。

但不到三個月，事實證明這些MBA除了理論知識勝過

原來的得力幹將外,實際工作能力比原來的得力幹將差得很遠,公司也因為在這些 MBA 的帶領下業績大幅下滑。老闆意識到被 MBA 搞砸了,又反過頭來把 MBA 們說得一無是處,直說得 MBA 們一一離去。

由此可見,對於選用企業的優秀人才來說,不要太迷信高學歷,而真正要相信,要做的應該是相「馬」不如賽「馬」。

相出來的「千里馬」不一定是千里馬,而賽出來的「千里馬」則一定是千里馬。無論學歷高低,不妨試一試再下定論。

第四章　團隊合作，贏得企業接力賽

別當眾拆臺：
管理高層要知悉心理

在一些企業或公司中，因為素養不高以及缺乏領導藝術，當眾責罵自己的高層管理者的老闆十分常見。

當眾斥責你的高層管理者會帶來很多惡果：

● 第一，大大破壞你本人的形象，給人留下一個暴君的印象。

● 第二，製造緊張氣氛，給中下層人員一種不安全感。對此，中下層人員會這樣想：你看，我們的主管都被老闆罵得如此「體無完膚」，我們這些基層人員碰上這種事還不知道有什麼下場呢，我們還是早早離開算了。

● 第三，讓你的高層管理者在中下層人員面前喪失威信，使他日後難以開展工作。日後，當這位高層管理者教育中下層人員時，中下層人員會這麼說：你神氣什麼？威風什麼？你還不是一個被請的，被老闆罵得一無是處。

● 第四，這是很重要的一點，你發洩了一時之氣，卻刺傷了高層管理者的自尊心，他可能從此打內心深處不願意全身心投入工作了。

別當眾拆臺：管理高層要知悉心理

批評不等於斥責。批評是一門藝術。對不同層次的人，需要不同的批評藝術。如果你把一個只有國小學歷的清潔工臭罵一頓，清潔工也許心裡受不了，但不會憤然離職，因為他可能很需要這個飯碗。但如果你把高學歷高素養的高層管理者臭罵一頓，他就很可能撒手不幹了，高層管理者需要的不僅僅是飯碗，還有被尊重的需求。

美國行為學家馬斯洛的「需求層次理論」在批評中具有十分重要的參考意義。馬斯洛需求層次理論將人類的需求分為五個層次：

◆ 生理需求

生理需求是最低層次的需求，是人類社會最原始、最基本的需求。飢有所食，渴有所飲，寒有所衣，住有所居，這些都是維持生命存在的基本需求，若不能得到滿足，人們就會千方百計去爭取，直到維持在一定的限度。若生理需求得不到滿足時，一般不會產生較高層次的需求。

◆ 安全需求

當生理需求相對地滿足時，安全需求就產生了，比如職業穩定、社會治安和社會風氣良好，得到各種福利、勞保、社會保險等。

第四章　團隊合作，贏得企業接力賽

◆ 社會需求

生理需求和安全需求滿足之後，人們就會產生社會需求，包括友誼、愛情、歸屬、社會交往等。

◆ 尊重需求

社會需求繼續發展，則表現出人們對地位和尊重的渴望。人總是生活在一定的社會結構之中，都希望擁有理想的社會地位和社會身分，以此滿足內心的自尊並贏得他人的尊重，這便是尊重需求。

◆ 自我實現需求

需求的最高層次是自我實現需求。自我實現是理想和追求的實現，是自身價值的展現。

上述需求中，生理需求和安全需求屬於物質需求；社會需求、尊重需求和自我實現需求屬於精神需求。

認識了需求層次，充分了解你的員工需要什麼，這時，你才會有科學的管理手法，才會有成功的批評藝術。

越是高層次的管理者，領導起來越需要藝術。當你公司的高層管理者出了問題時，正確的做法是關起門來一對一地溝通，而不是當眾破口大罵。

水桶原理：解讀團隊弱點

對成功而言，有句話叫做：小成功靠個人，大成功靠團隊。

一個企業要發展，必須從整體上提高團隊素養，一個人才無論多麼優秀，如果整個團隊素養很低下，這個人才也會曲高和寡，他提出再好的措施，也無法得到貫徹。相信一個人就能把企業做好，這簡直是痴人說夢。

在很多老闆心中，都有一個迷思，他們認為企業裡只要有一個特別優秀的人才，就可以把整個企業做好，而沒有想過從整體上去提高員工團隊的素養。

在管理界，有一個著名的「水桶原理」：一個水桶由長短不同的木板做成，水桶所能裝的水，不是由長木板來決定的，而是由最短的那根木板決定，即為水最多裝到最短的那根木板那裡。要讓水桶裝更多的水，必須加長短木板，而只加長了長木板則是一滴水也無法多裝的。

「水桶原理」放在一個企業裡依然具有十分重要的借鏡意義。一個企業裡，個別優秀的人才再優秀，如果沒有一個優秀的團隊與之配合，去實施他提出的工作方案，工作成果依

第四章　團隊合作，贏得企業接力賽

然是無法提高的，正如一個勇猛的大將，帶著一群走路都要倒的士兵，他又如何去排兵布陣呢？

有一家大型服裝生產企業，為了增強企業競爭力，公司老闆經常四處挖人才。後來，他以高額薪資、期股和總經理職位挖到一位歸國博士。

博士攻讀的是服裝設計，科系與工作內容高度符合，在國外企業裡也做出了十分卓越的成績，進入這家公司後，他決心要大幹一番。然而進入公司不到三個月，他就感到做不下去了。

原來，這家企業是由小作坊發展起來的，發展歷史只有兩三年，企業規模大起來了，但團隊素養卻沒有跟隨規模擴大而提高，70%的員工學歷是高職，大學生少得可憐，學識的貧乏導致思想的落後，其員工意識基本上還停留在小作坊階段。

在進入公司後，博士把國外企業那些先進的管理制度帶到公司來，然而，要讓員工們理解這些制度就已經很難，更別說執行了。他也試過強制推行，但下面的人總會自行變通去執行，做出來面目全非。

博士做不出成績，老闆看著心裡不高興，最後雙方不歡而散。後來，這位博士到了一家IT企業，雖然科系並不符合工作內容，他卻做出了十分驚人的成績，原因在於這個IT企業裡員工整體素養很高。

水桶原理：解讀團隊弱點

可見要使企業利潤得以持續的成長，身為企業老闆，不應該只把眼光盯在那些優秀人才身上，還應該加強低水準員工的培訓，不應該只注重高水準人才的引進，而要注重不同層次人才的引進，以求達到整體團隊素養的提高。

第四章　團隊合作，贏得企業接力賽

第五章
壓力與動力間的平衡術

一點壓力都沒有的工作,不會是有前途的工作;但是充滿壓力的工作,也未必一定表示該工作有美好的前景。這看似矛盾,但有經驗的管理者卻深諳此道。

第五章　壓力與動力間的平衡術

員工壓力何來

　　隨著員工個體在企業或公司中的地位及重要性的日益提高，身為管理者面臨的最大問題便是如何管理好員工。

　　松下幸之助有一句名言「企業最好的資產是人」，的確如此，尤其是在當今這個競爭日益激烈的時代，人才的競爭成了企業競爭的焦點。

　　然而，有一點不可忽視的是，當員工遇上不順心的事情，或者是對工作一籌莫展的時候，員工就會有壓力。適當的壓力可以使員工產生工作的動力，過大的壓力卻會導致員工精神頹廢，無所適從。

　　這裡所說的壓力是指員工在環境中受到種種刺激因素的影響而產生的一種緊張情緒。這種緊張情緒會正向的或負向的影響到員工的行為，或者是工作行為或者是生活行為。

　　當壓力出現時，人就會本能的調動身體內部的潛力來應付各種刺激因素，這時人便會出現一系列的生理和心理上的變化。

　　適當的壓力對員工產生的刺激，可以使員工處於某種興奮狀態，增強進行某種活動的動機。假如在工作中，能夠對員

員工壓力何來

工保持適當的工作壓力,會使員工的工作更有成效,而且員工本身也可以在工作中得到滿足感、成就感等自我價值實現的感覺。但是,如果壓力過大,員工經常無法完成自己的工作,興奮感就會逐漸消失,隨之而來的便是挫折感和失敗感。這樣只會使工作效率低下,並對員工個人的心理產生消極的影響。

因此,在工作中對員工保持適度的壓力是非常重要的,這就要求管理者能夠觀察到員工工作壓力的狀況,並採取相應的措施。員工的壓力是員工本人與環境相互作用或相互影響的結果。從本質上來看,壓力來自於員工的需求,而員工的需求又是由環境引起的。

員工的需求有生理需求和心理需求兩種。這些需求就是壓力的來源,簡稱壓力源。當員工認為自己的需求超過了自己的能力時,他就會產生壓力或潛在的壓力。

在工作中,員工是否能夠體會到工作壓力,主要取決於以下四個方面。

◆ **員工對環境的感受**

雖然是相同的環境,但不同的兩位員工的感受可能完全不同。

小 A 和小 B 都是軟體發展人員,由於公司成立了新的開發組,經理準備把他們調入開發組。當經理把這個想法告訴

第五章　壓力與動力間的平衡術

他們，小 A 和小 B 的反應卻完全不同。小 A 認為，「經理這麼做是因為比較看重自己，說明自己的工作做得還可以，在新的開發組中，要學習許多新的技術，這是一次難得的學習機會。另外，在新的開發小組裡，自己的發展空間會更大一些。」而小 B 卻覺得，經理是想將他從現在的組裡排除，他認為自己的工作沒有得到經理的認同，他覺得很委屈。

小 A 和小 B 截然相反的態度，為他們帶來的壓力也是不同的。小 A 會在今後的工作中更加努力，變壓力為動力，很可能會取得更大的成績。而小 B 如果沉迷在消沉的壓力中不能自拔，其工作能力會真的不如人意。

◆ 員工的個體差異

每位員工因為個性不同，對壓力的體驗和反應也會有很大的差別。

另外，人的價值觀、興趣愛好、職業發展傾向也不同。比如：對於活潑開朗的員工舉行一些康樂活動和討論會，可能沒有任何壓力，但對於一個性格內向、不善於與人交際的員工來說，這樣的活動給他帶來的壓力將是巨大的。

◆ 員工過去的經驗

員工過去的經驗對壓力的影響也是非常巨大的。比如員工在過去的某項工作中遇到過某種壓力，當他再次遇到這種

員工壓力何來

壓力時,壓力就會比上次有所緩解。反覆幾次,壓力可能就會完全消失。因此,在對員工進行培訓時,採取一些情境訓練或模擬訓練有助於緩解員工在工作中遇到的壓力,提高員工的工作效率。

反覆的練習對緩解壓力非常有效。比如:某員工要進行一次對外的技術演講。因為是第一次,他非常緊張。這時如果先讓他在公司內彩排幾遍,這樣就可以有效地緩解他的壓力。

◆ **員工之間的相互影響**

員工之間的相互作用對壓力也會產生影響。實際上,壓力是可以相互感染的。當某一位員工把他的心理壓力告訴其他同事時,他的觀點可能會得到其他員工的認同,有些以前沒有壓力的員工也可能會產生壓力。

同樣的道理,在一個積極向上、自信進取的團隊中,由於受到團隊氣氛的感染,每一個成員的壓力都會得到不同程度的緩解。

企業的員工面臨著多方面的壓力。從大的方面講,有家庭壓力、工作壓力和社會壓力之分:

◆ **家庭壓力**

每位員工都屬於一個家庭,家庭環境是否和諧對員工會產生很大的影響。家庭壓力一般來自於配偶、父母、子女及

第五章　壓力與動力間的平衡術

親戚等。如果配偶感情不和、父母生病住院、子女學習成績不好等都會使員工產生壓力。

有時員工為處理這些事情不得不請假。當員工因為這些壓力而求助於企業管理者時，管理者應該對員工進行力所能及的幫助，如調解糾紛、處理一些小事等。雖然這些事情可能與員工的工作無關，但是只有協助解決了員工的這些壓力，才能讓員工全身心地投入工作。另一方面，管理者這樣做，也可以讓員工感受到企業對他的關懷。

◆ 工作壓力

所謂工作壓力是指員工在工作中產生的壓力。比如新員工剛上班時可能會出現不適應的壓力。新職位的許多因素都發生了變化，員工會擔心自己是不是能適應這份工作，從而產生了壓力。

員工也會對打破了的日常的工作流程和工作程度產生壓力。比如當員工接受緊急任務或某些比較重要的工作時，他可能會擔心自己是否能夠準時完成，或者擔心自己的失誤會對全域產生嚴重的影響等。

當員工面對新技術時，也會產生壓力。特別是那些年齡較大的員工，由於自己接受新知識的能力不如年輕人，他們便會擔心自己無法掌握這些新技術，有可能會因此而降職、

員工壓力何來

失業,因此他們便會產生一定的壓力。

工作環境中的人際關係對員工產生壓力也有很大影響。在工作中,員工都不可避免地要同自己的上司、同事或客戶打交道。如果在溝通時產生了障礙,或者被別人所誤解,員工就會產生人際關係壓力。如果該員工人際關係處理得非常好,這方面的壓力就會很小。良好的人際關係還會對員工工作的開展提供許多幫助。

◆ 社會壓力

既然是社會中的人,自然不可避免會受到來自社會的壓力。例如住房問題,擁有一套自己理想的房子,是許多人夢寐以求的事情。如果沒有合適的住房,自然會對員工的心情有很大影響。

此外,如果員工的社會地位比較低,他們也會產生壓力。當員工將自己的工作、收入、開支等與社會中的其他成員進行比較,如果覺得自己不如別人,他們也會產生社會壓力。

第五章 壓力與動力間的平衡術

測試：診斷員工壓力點

前面我們提到了員工的壓力有來自家庭的、社會的，還有來自工作中的，我們把引起員工壓力的因素稱作壓力源。

壓力源從內容上分可以分為生理壓力源和與心理壓力源，從形式上可以分為工作壓力源和生活壓力源：

◆ 生理壓力源

生理壓力源是指由於身體狀態的變化，使員工個體產生的壓力。生理壓力源包括疾病、疲倦、營養等。

◆ 心理壓力源

不同的個體面對相同的事物會產生不同的心理活動，產生的壓力程度大小也會不同。生活中的許多事物都可能稱為心理壓力源，例如生氣、後悔、自卑、不勝任感及挫折感都是心理壓力源。

生氣是指人們對客觀事物不滿而產生的一種情緒活動。後悔是指人們未經深思熟慮，輕率地做錯了事，事後自我反省而產生的自我埋怨、自我譴責以及自我懲罰的心理活動。自卑是指人們由於在人生道路上遇到挫折而把自己看得不如

別人,從而產生一種輕視自己的情緒。不勝任感是指人們感到不能完成任務所產生的一種情緒。挫折感是指人們在遇到挫折時產生的一種消極的心理狀態。所有的這些情緒都會影響員工的工作。

◆ 工作壓力源

工作壓力源的表現形式很多,工作中的每一件事都有可能成為壓力源(表5-1)。從總體上來看,工作壓力源可以分為六種。

表 5-1　工作壓力源與員工關係表

工作特性	工作太多或太少	在組織中的角色	角色衝突與角色模糊
	工作條件十分惡劣		個人職責
	時間限制短		不能參與決策
	其他		其他
事業生涯開發	越級晉升	組織內部關係	與上司關係緊張
	晉升緩慢		與同事關係緊張
	沒有工作安全感		不善於授權
	理想不能實現		其他
	其他		

組織內部	缺乏有效協商	組織與外界界線	企業與家庭的要求衝突
	行動的約束		企業與個人的興趣衝突
	官方政策		其他
	其他		

◆ 生活壓力源

生活中的每一件事情都可能成為生活壓力源。根據一項研究顯示，喪偶、離婚、分居、親友去世等都是一些重大的生活壓力源。表 5-2 中列出了常見生活壓力源的影響程度的順序。

表 5-2　員工常見生活壓力源影響程度表

編號	事件	分值
1	喪偶	100
2	離婚	73
3	分居	65
4	判刑	63
5	親屬死亡	63
6	受傷或生病	53
7	結婚	50
8	被解僱	47
9	重婚	45
10	退休	45
11	家庭成員的健康發生問題	44
12	懷孕	40

測試：診斷員工壓力點

編號	事件	分值
13	性別差異	39
14	新增家庭成員	39
15	業務調整	39
16	經濟條件發生變化	38
17	好朋友死亡	37
18	變換工作	36
19	和配偶發生爭執	35
20	抵押超過十萬元	31
21	被取消抵押贖買權	30
22	工作職責發生變化	29
23	子女離開家庭	29
24	與配偶的家人產生矛盾	29
25	個人成就比較突出	28
26	配偶開始或停止工作	26
27	學業開始或結束	26
28	生活條件發生改變	25
29	恢復個人習慣	24
30	與上司有衝突	23
31	工作條件或時間發生變化	20
32	住址變動	20
33	子女轉學	20
34	消遣活動發生變化	19
35	宗教活動發生變化	19
36	社交活動發生變化	19
37	抵押或貸款不足十萬元	17
38	睡眠習慣發生改變	16

第五章　壓力與動力間的平衡術

編號	事件	分值
39	家庭成員人數變化	15
40	飲食習慣發生變化	15
41	春節	12
42	輕微違法	11

　　管理者若想使員工積極工作，必須注意緩解員工的壓力，如果員工壓力太大，他肯定不能把工作做得出色。管理者不可能深入到員工的家庭中，切實為他緩解家庭壓力，管理者只能在工作中關心員工。

　　如何判斷員工能承受的壓力呢？我們主要從兩方面來論述：一是工作壓力源的診斷；二是員工承受壓力的能力診斷。管理者只有認真分析診斷結果，才能採取有效措施化解員工的壓力。

◆ 工作壓力源診斷

　　下面是對員工的工作壓力源進行的一系列測試項目。測試項目包括五個工作壓力源：角色模糊、角色衝突、角色負荷超載、事業生涯開發及個人職責。

　　提出下面這些問題的目的，在於指出各種具體的壓力源對員工壓力的影響程度。每一個項目，被測試的員工都應該指出它作為壓力來源的頻率。然後在每個項目後面寫下 1 到 7 中的一個數字。該數字是你對壓力源的評價分值。這個數字必須能夠最準確地描述這個條件作為壓力來源的頻率。

測試：診斷員工壓力點

表 5-3　員工壓力來源頻率測試表

評分值	壓力程度的具體描述
1 分	給出的條件從來未成為壓力來源
2 分	給出的條件很少是壓力來源
3 分	給出的條件偶爾是壓力來源
4 分	給出的條件有時是壓力來源
5 分	給出的條件經常是壓力來源
6 分	給出的條件一般是壓力來源
7 分	給出的條件總是壓力來源

表 5-4　各種壓力源對員工產生的壓力程度測試表

編號	問題	分數
1	我不清楚我的工作任務和工作目標	
2	我認為有一些沒有必要的任務或目標工作	
3	為了趕上進度，我不得不在晚上或週末加班	
4	對我來說，對工作品質的要求毫無道理	
5	我在組織中缺乏正常發展的機會	
6	我對其他同事的發展負責	
7	我不清楚該向誰匯報工作，也不清楚誰該向我匯報工作	
8	我被夾在上司與員工之間	
9	我在一些無關緊要的會議上浪費了很多時間，影響了正常工作	
10	我接受的任務有時太困難或太複雜	
11	要得到提升的機會，我得另找一家企業	

第五章　壓力與動力間的平衡術

編號	問題	分數
12	我有責任聽取同事的意見，並幫助同事解決問題	
13	我缺乏行使職責的權威	
14	正式指令管道並未形成有機的整體	
15	我同時負責數目多得幾乎無法管理的專案或任務	
16	任務越來越重。	
17	繼續留在這個企業會損害我的職業生涯	
18	我的行動或決策會影響其他人的安全和工作	
19	我不能完全理解上司對我的期望	
20	我的工作只由一個人負責，與其他人無關	
21	我常完成超過正常工作日工作量的工作	
22	上司對我的期望超過我的能力與技能的範圍	
23	我缺乏足夠的訓練和經驗去做工作	
24	我感覺我的事業生涯正處於停頓狀態	
25	我在企業中的職責更多地與人有關而不是與事有關	
26	在工作中我幾乎沒有成長的機會，也學不到什麼新知識或新技能	
27	我無法理解在我的工作中包含有全部的組織目標	
28	我從兩個或兩個以上的管理者那裡接到相互衝突的要求	
29	我必須對同事的未來（職業生涯）負責	
30	我感覺我甚至沒有時間偶爾休息一下	

測試：診斷員工壓力點

注：表 5-4 依照表 5-3 打分

得分：_____

每個項目都與特定的壓力有關，與這些項目和有關內容相對應的工作壓力源的種類一一列在下面。將每一種工作壓力源中的各項目的得分相加，得到接受測試者在該種情況的總分。

你的得分：_____

角色模糊：問題 1、7、13、19、25

合計：_____

角色衝突：問題 2、8、14、20、26

合計：_____

角色負荷超載：問題 3、9、15、21、27

合計：_____

角色任務難易：問題 4、10、16、22、28

合計：_____

職業生涯開發：問題 5、11、17、23、29

合計：_____

個人職責：問題 6、12、18、24、30

合計：_____

第五章 壓力與動力間的平衡術

每一種類的總分低於 15 分表示接受測試者所受到的壓力程度低；

每一種類的總分在 15 至 24 分之間表示受測者所受到的是中等程度的壓力；

每一種類的總分在 25 及 25 分以上表示受測者受到的壓力程度高。

◆ **員工承受壓力的能力診斷**

對於下列十八種情況，你會有什麼樣的反應？假如提示的答案與你的反應類似，請選擇「會」，不符合則選「不會」。

例如：半夜突然醒來，你聽到客廳裡有怪聲。如果你的反應是：很沉著，能冷靜思考，既不興奮，心跳也不會撲通撲通地跳，不冒冷汗也不會感到不安，則做如下的選擇：

你的反應	會	不會
沉著	a	b
興奮	b	a
心跳不會撲通撲通地跳	b	a
冷靜思考	a	b
冒冷汗	b	a
不安	b	a

下面來做這一組測驗題吧：

測試：診斷員工壓力點

①突然有人請你在宴會中上臺發表演講。

你的反應	會	不會
心跳撲通撲通地跳	b	a
焦躁不安	b	a
很高興	b	a
很沉著	b	a
不知所措	b	a
臉紅不好意思	b	a

②警車半路把你攔下來，請你出示駕照。警察發現你有點著急，反而開始問話。

你的反應	會	不會
友善回答	a	b
處於備戰狀態	b	a
手發抖	b	a
很鎮定	a	b
感到不安	b	a
冒冷汗	b	a

③接到公司報到的通知，按照指定時間前往，你已經等了一個多小時，仍然沒有動靜。

你的反應	會	不會
沉著	b	a
興奮	b	a
心跳撲通撲通地跳	a	b

第五章 壓力與動力間的平衡術

你的反應	會	不會
冷靜思考	b	a
冒冷汗	a	b
不安	b	a

④在餐廳你把沒喝完的酒瓶打翻了。

你的反應	會	不會
很愉快	a	b
不知所措	b	a
不在乎	a	b
說不出話來	b	a
自然地笑了笑	a	b
臉紅不好意思	b	a

⑤在餐廳吃完午餐準備付錢時,你突然發現自己忘了帶錢包。

你的反應	會	不會
臉紅不好意思	b	a
冷靜、鎮定	a	b
心跳撲通撲通地跳	b	a
很高興	a	b
不知所措	b	a
冒冷汗	b	a

測試：診斷員工壓力點

⑥不幸被站務員抓到沒買票而且被罰款。

你的反應	會	不會
臉紅不好意思	b	a
沉著、冷靜	a	b
手發抖	b	a
無所謂	a	b
很丟人，沒有面子	b	a
自然地笑一笑	a	b

⑦車子在半路爆胎，你只好把車子開到路旁。

你的反應	會	不會
沉著、冷靜	a	b
生氣	b	a
冒冷汗	b	a
保持平靜	a	b
感到不安	b	a
很緊張	b	a

⑧採購完回家，一打開門發現洗衣機裡的滿出來了，家裡一片汪洋。

你的反應	會	不會
很鎮定	a	b
萬念俱灰	b	a
手發抖	b	a
保持平靜	a	b

155

第五章 壓力與動力間的平衡術

你的反應	會	不會
很生氣	b	a
很輕鬆	a	b

⑨在參加面試時輪到自己,忽然聽到主考官用生硬、不友善的聲音叫你的名字。

你的反應	會	不會
有一股衝動	b	a
手腳顫抖	b	a
很鎮定	a	b
冷靜	a	b
冒冷汗	b	a
感到不安	b	a

⑩搭乘電梯時,電梯突然停在兩層樓之間。

你的反應	會	不會
很輕鬆	a	b
很鎮定	a	b
非常生氣	b	a
心跳撲通撲通地跳	b	a
不高興	b	a
冷靜思考	a	b

⑪從國外旅行回來，海關人員要你打開裝有超重菸酒的行李箱。

你的反應	會	不會
很鎮定	a	b
很興奮	b	a
冷靜	a	b
感到不安	b	a
冒冷汗	b	a
手腳發抖	b	a

⑫討論會上，大家認為你的論點錯誤，並嘲笑你。

你的反應	會	不會
臉紅不好意思	b	a
無所謂	a	b
很鎮定	a	b
生氣	b	a
保持平靜	a	b
不知所措	b	a

⑬和親友激烈地爭論一件事，親友以「再也不想和你談了」一句話，終止了這場爭論。

你的反應	會	不會
充滿敵意	b	a
很鎮定	a	b
感到不安	b	a

第五章　壓力與動力間的平衡術

你的反應	會	不會
無所謂	a	b
忐忑不安	b	a
保持平靜	a	b

⑭你準備一些有關的資料，以便和自己準備應徵的公司的人事科長面談時用。面談時，人事科長卻說：「你提供的資料不足以當推薦函。」

你的反應	會	不會
感到不安	b	a
很鎮定	a	b
說不出話來	b	a
臉紅不好意思	b	a
保持平靜	a	b
不知所措	b	a

⑮舞會中你跳舞跳得正高興，舞伴卻說：「你好像不太會跳。」

你的反應	會	不會
不在乎	a	b
不知所措	b	a
生氣	b	a
臉紅	b	a
很鎮定	a	b
自然地笑	a	b

⑯在討論會上,別人批評說:「你難道沒有自己的意見嗎?」

你的反應	會	不會
充滿敵意	b	a
保持冷靜	a	b
不知所措	b	a
汗流浹背	a	b
說不出話來	b	a

⑰和人聊天時,把對方不想讓人知道的祕密不小心說溜了嘴,雖然極力找話來搪塞、掩飾,對方還是察覺到了。

你的反應	會	不會
不知所措	b	a
臉紅不好意思	b	a
結巴	b	a
很鎮定	a	b
無所謂	a	b
手腳顫抖	b	a

⑱上司對你的工作不滿,抱怨了幾句。

你的反應	會	不會
很鎮定	a	b
臉紅不好意思	b	a
保持平靜	a	b
感到不安	b	a

第五章　壓力與動力間的平衡術

你的反應	會	不會
說不出話來	b	a
無奈地笑	b	a

計分方法：把選 a 的總數加起來，就是你的測驗得分。對照得分看看你的壓力抵抗力如何。

說明：

非常強（多於 90 個 a）——精神上的壓力抵抗力非常強。只有在事態嚴重的時候無法保持平靜。一般來說，幾乎不存在不知所措的時候。

強（70～90 個 a）——同年齡層中，精神上的壓力抵抗力強。不輕易動搖，即使因動作不利索而受到別人的嘲笑時，也不會失控發脾氣。

普通（50～70 個 a）——精神上的壓力抵抗力在平均水準中還算可以。

較弱（30～50 個 a）——精神上的壓力抵抗力在平均水準中算比較低的。精神一有負擔，往往便無法保持鎮定。遭遇失敗時，會出現精神失衡、嚴重焦慮不安的情形。

很弱（少於 30 個 a）——有不快便會感到不安，容易手忙腳亂。希望對一些輕微狀況能以幽默的心態去面對，並努力使自己保持鎮靜。

測試：診斷員工壓力點

　　管理者可以透過這幾組測試，分析每一位員工的壓力來自什麼地方，承受壓力的能力是強還是弱，然後根據不同的員工採取不同的緩解壓力的辦法，對那些較容易過度緊張的員工多開展交流活動，多讓他演講發言，有利於消除壓力，員工只有在適度的壓力刺激下，才能積極有效地工作。

第五章 壓力與動力間的平衡術

五大施壓法則，適度施壓的關鍵

過度的工作壓力，會令員工的自信漸失，更談不上有歸屬感。過寬的管理方法，會使員工沒有被重視的感覺。

一些自律能力較低的員工，上司沒有適度的壓力給他們，結果造成他們的怠惰和敷衍。遇到有責任感的員工，上司給他們適度壓力，在他們完成工作時，自然而然就會有一種滿足感。

壓力是否適度，是不容易衡量的。資歷較淺的管理者，往往會出現施加過重的壓力給員工的現象，因而適得其反。

壓力過大對員工的影響如下：

- 精神出現透支，神情沮喪，工作不積極；
- 健康出現問題，例如失眠、神經衰弱、胃痛及頭痛等；
- 對職位產生不安全的感覺，因此而辭職。

以上三點，對管理者來說，是非常不利的。沒有一個管理者會希望自己的員工苦著臉上班，或經常請病假，沒有一個上司希望自己剛招來的員工沒兩天就辭職了。

五大施壓法則，適度施壓的關鍵

因此，在向員工施加壓力時，應注意以下五個法則：

- 適當加壓，寬緊適中；
- 強調工作得失；
- 不斷給予鞭策；
- 強調加壓的後果；
- 態度該強硬時則強硬。

1、適當加壓，鬆緊適中

如上面所說，壓力過大或寬鬆的管理對員工都不好，同時也會影響企業的效益。管理者應該時常關注員工的反應，知悉員工的感受，多同員工溝通交流，得知他們對壓力的感受，這樣才有利於時緊時鬆，給員工一個適應期，不斷地完善自己。

管理者在安排一項工作時，應該事先對工作完成的日期作出估計，雖然對這件事仍會聽取員工的意見，但是作為上司，應該做到心裡有數。

對此，許多員工會故意將完成日期說晚一點，以免因臨時遇到變故而出現拖延的現象。管理者可以參考員工的意見，但未必立刻作出否定。

事實上，工作的完成日期應該先由管理者說出，員工如

第五章　壓力與動力間的平衡術

有意見，可立刻提出。遇到一些平日工作態度較不認真的員工，管理者的語調不妨加強一點，例如「這項工作必須在星期日之前完成」，「無論怎麼計算，這項工作總不會超過某月某日的，除非是人為因素，但是我知道你不會讓我失望的」。

有些管理者採取寬鬆的管理政策，把工作分派給員工以後，就完全放心地等待他們主動向自己匯報。可是令人失望的是，主動自覺在最快時間完成工作的員工，實在是很少見的。

有些員工在指導新人時，往往提醒他們要效率適中，別與時間競賽，理由是：「管理者知道我們可以在短時間內完成工作，以後要求就會更高了，我們想偷懶一下也不行。另外也要讓他以為這些工作較難做，需要很長時間。」

抱著這種態度的人確實不少，管理者應該清楚。

如果遇到諸多抗拒的員工以「你根本不明白我們的困難」來反駁上司的催促，管理者毋須動氣，立刻加入工作行列，從旁觀察，一切就會明白。這是必要時才使用的「下策」，而且一旦證實是員工有意編造事實時，雙方的感情就到了已決裂的地步了。

但有一種情況，應該給予理解。那就是一些對工作有責任感的員工，也會故意將工作完成的日期說得稍微晚一點，但他們往往都在限期前把工作完成。員工故意說晚一點的原

因,主要是擔心工作期間發生不可預知的障礙,他們不想讓上司失望。

因此,管理者要拿捏分寸,給員工留有餘地,讓他們自己認識到自己的不足,從而為自己加壓,把工作做好。

2、強調工作得失

管理者與員工研究一項工作時,其中一部分時間應該用作談論得失上,此舉也會給予員工一定程度的壓力。

「如果這件事做好了,公司將有一筆很大的收入;如果失敗的話,我們年底的獎金計畫就會泡湯。」

以利益衡量得失,是一種很有效的壓力政策。

強調得失,等於強調事情的重要性,能夠參與的員工,也有被重視的感覺。

除非萬不得已,否則不要用調職或解僱作為失敗的代價。這是一種極重的壓力,會使員工失去基本的安全感。他們會認為儘管這次僥倖地順利完成工作,也未必能度過下一次的挑戰。為了安全感,他們或許會做出另謀高就的選擇。

管理者如果能夠曉之以理,動之以情,表面上是為員工緩解壓力,實則是為員工加壓,那麼有責任感的員工,不需要上司明白地指出來他該怎樣做,他們自己便會給自己施加

第五章　壓力與動力間的平衡術

壓力,將事情做好。

如果得失強調的不到位,可能會引起員工的反感,他們會認為上司在虛張聲勢,他們一點壓力也沒有,工作起來一點都不積極。因此,管理者在分派工作任務時,要強調工作的利弊得失。

3、不斷給予鞭策

很多員工都認為工作壓力來自上司,他們以為自己取代了管理者的地位,就沒有壓力了。這是幼稚的想法,也證明他們承受壓力的程度仍然沒有達到一個管理者的要求。

事實上,管理者本身所承擔的壓力絕不會比員工少。既然管理者承受各方面而來的壓力,就要做出有效的實際行動,目的在於做好事情的同時,也等於為自己減輕了壓力。對員工時加鞭策,是上司的責任之一,絕不能把它看成是管理者的手段之一。

多數員工其實都屬於被動型,一切看上司的指令和態度行事。管理者若倚賴他們自由發揮,不加督促,對公司、對管理者本身和員工,均有害無益。

鞭策的方式包括口頭上和行動上的配合,管理者要時刻詢問工作的細則,但不是工作進度,因為已託付給員工的工

作，不能時刻直接詢問員工工作的進度，否則會令員工有被監視的感覺。

時刻提醒員工計劃新工作、要他們做出實質報告，是鞭策員工的兩大步驟，最後，一經透過確認是可行的工作，就督促員工切實執行，這樣便能提高工作效率。

對於一些自制性和自律性較差的員工，管理者必須不斷地安排新任務給他們，引導他們訂立新計畫，執行上司的指示命令，在同事的幫助下，齊心協力把工作做好。

管理者的責任便是針對不同的員工施以不同的鞭策手段，讓每一個員工都在適度的壓力下工作。

4、強調加壓的後果

對於一些凡事喜歡拖延的員工，要在工作之前，向他們強調拖延工作帶來的不良的後果。

一位在某企業任生產經理的S君，他認為最難應付的是一群生產部的組長。他們從來都把S君頒發的限期令不當一回事，往往要延後一個星期左右，才能完成指定的產品量。

S君很難向客戶解釋，不能總以「員工不聽指令」為理由，博取客戶的同情。

於是，S君召集各組長開了一次會議，討論延誤發貨合

第五章　壓力與動力間的平衡術

約的問題。會中,每個人都講述了自己的難處,取得了相互的了解,並一致透過向員工說明延誤工作會產生什麼樣的後果。

他們對於那愛放下工作談幾句的員工,說明自己的難處,也讓員工了解到工廠開工效率低,對員工自己的利益並無好處的道理。

組長的加緊督促,的確使效率比從前提高了不少。組長的督促不能中途停止,因為大多數員工都抱著熬過幾小時就下班的心態,如果不加提醒,他們極少會自覺地加快效率。

因此管理者在指派員工工作時,必須要強調延誤了工作會帶來什麼樣的後果,對員工施加壓力,使其知道利害所在,他們也就不會輕易拖延工作了。

而對於認為工作做不好沒有關係,下次可以注意的員工,管理者便要不斷地強調對他們施加壓力的原因及後果,讓他們時刻提高警惕,絲毫不敢放鬆,直到順利地完成工作。

5、態度該強硬時則強硬

有些管理者認為對待自己的員工不能太嚴厲,否則會影響員工與自己之間的溝通與交流。其實這種想法是偏頗的,

五大施壓法則，適度施壓的關鍵

對員工嚴厲，一是工作需要，如果不能嚴格要求員工，那麼他們工作起來便會很不認真；二是幫助員工樹立一種謹慎的工作態度。只要管理者把握原則，工作的時候嚴格要求，公事公辦態度強硬，生活中不乏對員工盡可能的關心與愛護就可以了。

上司與員工的年齡很接近，甚至比員工年輕，很容易被「欺負」。有些員工倚老賣老，不把上司看在眼裡，甚至人前人後謔稱他的小名。如果管理者的表現不夠嚴肅，也許反會被員工賦予壓力。無論任何時候，管理者的表現是最重要的，尤其是在討論工作的時候，適時的強硬態度，可以引導員工依照自己的指令工作。

當管理者遇到態度輕蔑的員工處處惡意地反駁自己時，也不要拍案叫罵。靜靜地聽他把話說完，待他發表完意見以後，冷冷地說：「我還是堅持先前所述的計畫。」表情嚴肅、語調強硬，除非對方有意辭職，否則大多不敢正面與管理者衝突。不過，三番四次教而不改的員工，對工作進度仍有一定的阻力，此時管理者必須立即採取行動加以處分，以收到殺一儆百的效果。

管理者不要怕得罪員工，態度該強硬的時候絕不能心軟，這將有助於在員工心目中樹立自己的威信。

第五章　壓力與動力間的平衡術

鼓舞人心的遠景規劃，提升士氣

公司或企業擬定一個振奮人心，吸引人的遠景，員工就會為了遠景努力工作，當然，先決條件是未來的成果共用。

1、什麼是遠景規劃

遠景規劃是組織所有成員共同的願望和共用的景象。正如彼得·聖吉在其《第五項修練》中指出：「共同遠景能喚起人們的希望，特別是內心的共同願望。」

(1) 遠景規劃的內容

一般來說，組織的共同遠景包括以下的內容：

組織共同遠景所表示的一種景象實為組織未來發展的目標、任務、事業或使命。

比如：福特製造大眾買得起的汽車來提升交通的便利，可口可樂公司永遠要做飲料世界的第一，「GE 永遠做世界第一」也已是奇異公司展望未來的狀態。

企業的共同遠景規劃不一定包含具體的行動方案或行動策略，但它一定是比較具體的、未來透過努力能夠實現的。

如果這種景象雖描述得十分宏偉漂亮,但無論如何努力一輩子都不可能達到的話,那麼這種景象就難以成為激發企業成員為之努力與奮鬥的內在力量。

反之,如果這種景象描述得並不十分宏偉,但大家爭取一下便可實現,那麼它反倒成了激勵的力量。從這個意義上說,策略未必能成為企業的共同遠景是由於它可能過於超前或宏偉,不能成為全體成員發自內心的願望。

可見,共同遠景均具有一定的氣魄和誘人特徵。它以其本身所擁有的更高的目的,帶著希望根植於組織的文化和行事作風之中,令人歡欣鼓舞,使組織跳出庸俗,產生火花,由此產生對公司全體成員長久的願望,進而迸發出無限的創造力。

(2) 遠景規劃的構成

組織共同遠景有如此大的效用,那麼一個良好的共同遠景一般包含哪些部分,如何構成?

一個優良的共同遠景具體由以下四個部分組成:

- 其一,景象。所謂景象就是未來組織所能達到的一種狀態及描述這種狀態的藍圖、圖像。也正是如此,景象才能夠成為全體成員發自內心的共同願望;也正是如此,景象應該產生於全體成員個人願望之上。

171

第五章 壓力與動力間的平衡術

- 其二，價值觀。遠景價值觀是指組織對社會與組織的總體看法。價值觀與景象是有很大相關性的，某種意義上價值觀不同，追求的景象就會不同或至少具體實現這種景象的方式會不同。
- 其三，目標。目標是指組織在努力實現共同願望或景象過程中的短期目標，這種短期目標可以說是願望的階段性具體目標，代表了成員們承諾的將在未來幾個月內一定要完成的事件。這種目標不僅僅從組織未來發展的角度得出，而且一定從組織員工個人目標中產生，在員工們追求自己目標的同時實現了組織的目標，或在實現組織目標的過程中實現了自己個人的目標。
- 其四，使命。共同遠景的另一個組成部分就是使命。所謂使命是組織未來要完成的任務過程。使命代表了組織存在的根本理由，使命應具有令人感到任重道遠和自豪的感覺，而這又與景象和價值觀相關。沒有良好的景象，使命感會消失殆盡；沒有良好的價值觀，使命感不會持久。

現代企業的使命是與每間企業所處環境、行業、市場等具體情況有關，但有一點是肯定的，這就是只有具有使命感的員工才可能創造巨大效率和效益，才可能有持續的內在動力。

2、遠景規劃對發揮人才效力的作用

人才作為企業一種寶貴的人力資源，它將為企業的持續發展提供源源不斷的智力及技術支援。每間企業都少不了人才的內在作用，那麼如何留住人才、為人才創設一個發揮才能的遠景空間呢？

實踐證明，一個企業擁有了美好的共同遠景，就等於擁有了無可衡量的永恆價值和取之不盡的潛能。在一種美好遠景的鼓舞下，優秀的人才會將自己深藏的經驗、智慧完全發揮出來，最終必將超過自身最初構思的想法，實現自我超越。

真正的共同遠景能夠使全體成員緊緊地連結在一起，淡化眼前暫時矛盾與困難，將企業與員工的力量發揮到最大值，從而形成一種巨大的凝聚力。

可見，共同遠景可使員工們包括企業的優秀人才，致力於實現某種他們所關注的事業、任務或使命，使之忘掉一己私利，不顧一切地凝聚在一起。一個企業只有擁有共同遠景，企業員工才可能創造出巨大的效率和效益，才可能擁有持續的內在動力。

其對發揮人才效力的作用具體表現為：

第五章　壓力與動力間的平衡術

(1) 孕育無限的創造力

由於組織的共同遠景是組織全體成員發自內心的願望，並由此產生了對全體成員的長久激勵，如果全體成員真正把這一共同願望當作自己努力的方向，那麼此時此刻全體成員就會真正發出無限的創造力。

(2) 激發強大的驅動力

無數的事實可以證明這麼一個真理：如果沒有一個強大的拉力把人們拉向真正想要實現的目標，那麼，維持現狀的力量將牢不可破。

事實上一個共同遠景通常建立一個高遠而又可逐步實現的目標，它引導人們一步步排除干擾，沿著正確的方向達到成功的彼岸。好的共同遠景可以產生強大驅動力，驅動組織的全體成員產生追求目標遠景的巨大勇氣。

(3) 創造未來的機會

共同遠景是全體成員發自內心的未來欲實現的願望或景象，這種具有未來特性的願望與景象實際上為組織未來發展提供了機會。

總之，企業的遠景規劃是企業凝聚力的核心，也是企業激勵員工最富有成效、最具挑戰性的一個領域。

學沃爾瑪：培養員工如呵護花圃

　　沃爾瑪特百貨公司的創始人山姆‧沃爾頓在總結他的用人之道時說：「對員工要像對待花園中的花草樹木，需要用精神上的鼓勵、職務晉升和優厚的待遇來澆灌他們，適時移植以保證最佳的搭配，必要時要細心除去園內的雜草以利於他們的成長。」

1、人才吸納原則

　　沃爾瑪創業之初採取的用人原則是「吸納、留住、發展」。

　　山姆‧沃爾頓當初為爭取後來成為沃爾瑪執行長的大衛‧格拉斯加盟，曾以其百折不撓的精神來遊說他，前後整整花了十二年的時間，這種虔誠的精神終於使格拉斯加盟沃爾瑪，而且於 1984 年出任沃爾瑪總裁。從這裡多少可以看出沃爾瑪「吸納、留住、發展」的用人原則。

　　隨著沃爾瑪公司的發展，現在沃爾瑪人力資源的基本策略已發生了轉變，「留住、發展、吸納」成為其用人的指導方針。

第五章　壓力與動力間的平衡術

這不是簡單的位置調換，它意味著沃爾瑪更重視從原有員工中培養、選拔優秀人才，而不是在人才匱乏時一味地從外部聘用。沃爾瑪的人力資源策略已側重於從內部挖金子。內部吸納人才有一個優勢，那就是內部人才熟知企業文化，有利於人才駕輕就熟企業營運，更好地發揮人才專業及技能優勢。

2、留住人才

很多人都在總結沃爾瑪的成功經驗，沃爾頓在他的自傳《富甲美國》一書中，總結了他的事業成功的十項法則，其中他的留住人才的成功之道是他的事業取得成功的法寶之一。

(1) 視員工為夥伴

沃爾頓主張以合夥制的方式來領導企業，這樣員工也會把老闆視為同伴，從而創造出超乎想像的業績。

沃爾瑪公司幾乎所有的經理人員都別上了刻有「我們關心我們的員工」字樣的鈕扣，他們非常注意傾聽員工的意見。

- 交流溝通。沃爾瑪公司注意凡事要與員工溝通，員工知道的越多，就越能理解、關心企業的發展。一旦他們開始關心企業的發展，什麼困難也不能阻擋他們。

● 精神激勵。不光是員工持股的物質激勵，還鼓勵員工不斷地出新點子，激勵員工向困難挑戰，每天都要想一些新的、比較有趣的辦法來鼓勵員工，創造出一種奮發向上的氛圍。

金錢可以買到忠誠，但人更需要精神鼓勵，沃爾瑪公司感謝員工對公司的貢獻，任何東西都不能代替幾句精心措辭、適時而真誠的感激言辭。

傾聽每一個人的意見，讓大家暢所欲言。第一線員工最了解實際情況，盡量傾聽他們反映及提出的建議。

(2) 讓員工持有股份

為真正把員工當作合夥人，沃爾瑪於 1971 年實行了利潤共用政策。

沃爾頓認為，如果公司與員工共用利潤，不論是以薪資、資金還是以紅利、股票折讓等方式，流進公司的利潤也就會源源不斷。

因此，沃爾頓鼓勵員工持有公司的股份，這樣員工們會不折不扣地以管理層對待他們的態度來對待顧客。如果員工善待顧客，顧客感到滿意就會經常光顧本店，而這正是連鎖店行業利潤的真正源泉。

第五章　壓力與動力間的平衡術

如今，沃爾瑪公司已有 80% 以上的員工或藉助利潤分享計畫，或透過員工認股計畫直接擁有公司的股份，這樣就將公司和員工結成了一個利益共同體，使員工將公司看成是自己的，對公司的認同感大大增長，從而更加努力地工作。

3、培養、發展人才

沃爾瑪盡可能讓每一種人才都實現個人的價值，沃爾瑪公司的員工不僅被視為服從指揮，從事勞動的人，而更應該被視為一種豐富智慧的源泉，沃爾瑪公司的員工確實創造非凡。

(1) 用終身培訓機制發展人才

為適應形勢發展、市場需求及企業管理機制轉變對員工素養、能力的要求，沃爾瑪為員工安排了一系列培訓：入職培訓、技術培訓、職位培訓、海外培訓等，所有的管理人員還要接受領導藝術培訓。

沃爾瑪重視員工的績效考評成績，對於每一位員工的工作表現，沃爾瑪都會定期做出書面評估方案，並與其進行面談。評估分為試用期評估、週年評估、升遷評估。評估內容涉及該員工的工作態度、積極主動性、工作效率、專業知識、有何長處、待改進之處等。

為使人才接受更好的教育，為人才提供相互溝通、交流的學習機會，在美國，沃爾瑪總部設立了沃爾頓零售學院，不定期地從世界各地沃爾瑪公司選拔表現優秀、有發展潛力的管理人員前往接受培訓。培訓內容涉及零售學、商場運作及管理、高級領導技術等，培訓時間從數週至數月不等。

(2) 職位輪換制

　　沃爾瑪還實行輪換制，目的是防止管理人員角色僵化，因為管理者長期不了解基礎，會出現管理失誤弊病。而透過各級經理輪換工作，擔任不同的工作，讓經理接觸公司內部的各個層面，相互形成某種競爭，最終能掌握公司的總體業務，並靈活運用各種技能。

(3) 人才逐級晉升體制

　　所謂逐級晉升，就是管理層人員必須經歷從普通職員晉升為教練隊成員的紀錄，實行公僕領導職位的角色更替，因此，在沃爾瑪大約 60% 的成員是從普通職員開始起步的。沃爾瑪為他們創造必要的條件，進行縱向、橫向培訓，讓他們不斷接受新的挑戰，獲得全方位發展。

　　沃爾瑪不僅重視透過理論培訓提高管理人員素養，還從實踐中發現、選拔有實戰才能的人才。管理層人員在經過六

第五章　壓力與動力間的平衡術

個月的訓練後，如果表現良好，具有管理好員工、管理好商品銷售的潛力，公司就會給他們一試身手的機會，先做助理經理，或去協助開設新店，如果做得不錯，就會有機會單獨管理一個分店。

沃爾瑪還重視員工晉升績效評估的了解。每位員工的每次升遷都要由其所在部門負責人進行工作表現評估，並且與升遷的同事進行面談，談話內容包括為什麼要升遷、本人有何特長、教練對他的期望、同事信任程度以及他需要何種支援幫助等。

愛立信式的職業精神與相互尊重

愛立信自 1876 年註冊「拉斯·馬格努斯·愛立信機械修理」以來，已經經歷了 100 多個春秋。多年來，愛立信在電信及相關設備製造方面均處於世界領先地位，約十萬名員工在 130 多個國家和地區為客戶解決電信需求問題。愛立信在世界範圍內取得成功，離不開它推崇的「職業精神，相互尊重」的用人哲學。

1、完善的人力資源管理系統

愛立信的人才理念是有的放矢、非常明確的。愛立信強調：人力資源必須源於經營的需要，它必須服務於公司業務經營。

作為全球電信行業大亨的愛立信具有一個完善而自成體系的人力資源系統。這個體系以專業進取、尊愛至誠、鍥而不捨的價值觀為核心，環環相扣，致力於培養出為企業經營服務的人才。愛立信人力資源管理的根本目的就是在客戶滿意的同時也要讓員工滿意。

（1）以三種精神為核心用人哲學

　　一家成功的公司通常規劃出遠景，然後確立宗旨或使命，再確定達到遠景或履行使命的方式。

　　這裡的「方式」是有價值判斷和取向的，應該讓全體員工認同。認同的過程是不斷宣講、交流和理解的過程，所有的管理部門及管理幹部都是義務講師。

　　在任何時刻、任何事情上，愛立信永遠堅持這三種精神和價值觀——專業進取、尊愛至誠、鍥而不捨。這種價值觀實質上是公司文化的核心理念。

（2）完善的人力資源網絡

　　愛立信人力資源組織採用的是網絡結構。人力資源總部每年舉辦兩次子網絡負責人的聚會，共同研究涉及全公司的相關規範。各級網絡均指定一個負責人，發揮召集、組織、協調作用。

　　各網絡單元之間以先進的技術手段保持資訊交流順暢，在交流中彼此充分了解網絡內外人力資源的狀況。有效的方案可以推及高一層網絡。

(3) 完善的績效評估系統

愛立信的員工通常會提出這樣幾個問題：

- 我的職位及工作內容是什麼？
- 這個職位應得怎樣的報酬？
- 我該怎麼做？
- 我如何能改進工作？

對於以上幾個問題，人力資源部門和管理者總是一起回答這些問題。

愛立信的績效評價系統包括：

- 績效評價的內容：結果和成績（目標、應負責任、關鍵結果領域），績效要素（態度表現、能力）。目標結果一般以量化指標進行衡量，應負責任的成績一般以責任標準來考核。
- 績效要素包括：主動性、解決問題、客戶導向、團隊合作和溝通，對管理者而言不包括領導、授權和其他要素，最終的績效評價結果是兩部分內容評估結果加權後的總和，兩者分別占六成和四成。對員工進行公正的績效評價，有利於公司人員相對穩定。

2、吸引、留住人才的薪酬方案

薪酬是吸引、保留和激勵員工的重要手段，是公司經營成功的影響要素。愛立信的薪酬結構包括薪資和福利兩部分，薪資分為固定和不固定兩部分，福利則包含保險、休假等內容。

(1) 為特殊人才設計特殊的薪酬方案

為保留人才，愛立信設計了轉換成本策略，使員工試圖離開公司時會因轉換成本高而放棄。

這就需要在制定薪酬政策時充分考慮短期、中期、長期報酬的關係，並為特殊人才設計特殊的薪酬方案。

影響薪酬水準的因素有三個：

- 職位的責任和難易程度；
- 員工的表現和能力；
- 市場影響。

薪酬政策的目的是提供本地具有競爭力（而不是領先）的報酬，激勵員工更好地工作並獲得滿足。

(2) 獎勵優秀員工

愛立信為年度優秀員工或工作滿五年以上的員工制定了獎勵計畫。獎勵標準包括：團隊合作、態度積極、客戶至上、創新以及持續的出色表現。

3、發展人才的措施

愛立信積極鼓勵員工的持續發展，為員工提供機會以改善其適應能力並從變化中受益。能力培養是每個部門業務規劃的一部分，個人培訓計畫的制定均應得到每一位員工的認同。透過對全球人力資源的充分作用，愛立信得以適應變化，並利用變化來創造競爭優勢。

(1) 注重人才的選拔

為防止公司中因各種原因出現管理斷層和管理層空缺，愛立信非常重視管理規劃工作。他們透過員工能力評價系統選拔出管理者候選隊伍，並有組織地對其能力進行培訓和開發，對確認合格的人員大膽加以任命，使其在管理工作中得到鍛鍊和培養，上級管理者與人力資源部門負責評價和檢驗任職者的資格水準。

(2) 人才的培育開發

　　人力資源研發的主要表現為對員工的能力管理。愛立信將能力定義為獲得、運用、開發和分享知識、技能和經驗。因為愛立信認為，個人的素養（個性、信仰、價值觀等）基本上與生俱來，很難透過培訓而獲得，而能力則是可以經後天培訓而不斷改進的。

　　愛立信將管理者定義為業務經營者＋營運管理者＋能力開發者。管理者首先必須關注並傾力於業務工作，不斷開發下屬及本人的能力。同時，管理者也須著力培育和塑造良好的團隊氣氛，以提高組織的有效性。

PSP 管理理念：
聯邦快遞的成功法寶

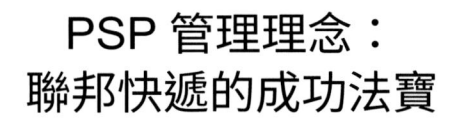

聯邦快遞奉行 PSP 管理理念和人性化服務。

所謂 PSP，意即「員工（people）、服務（service）、利潤（profit）」，它創造了員工、客戶和公司之間的三贏局面。這三個因素彼此都相互連繫、相互依存。

1、人性化管理

(1) 尊重員工

自聯邦快遞創立之初，其創始人、現任董事會主席、行政總裁弗瑞德・史密斯就強調要尊重員工。

史密斯認為，服務行業一定要竭誠服務於人。如果沒有滿意的員工，就不會有滿意的客戶。如果公司為員工創造好的條件，員工又為客戶提供更好的服務，那麼客戶就會成為聯邦快遞的忠實客戶，令公司利潤增加，從而使公司有能力為員工創造更好的條件，公司透過溝通和授權展現對員工的尊重。

第五章　壓力與動力間的平衡術

其一，注意與員工的溝通。聯邦快遞在世界各地的每位員工，從客戶服務代表到總經理，都可以自主做出決定，並暢所欲言地表達自己的觀點。

為此，聯邦快遞每年要在全公司範圍內搞一次自我批評。

公司還對每位員工進行不記名調查，要求員工對經理們的管理能力、員工自己的薪資、工作條件及對公司的總體滿意度打分。經理們的獎金部分地與他在調查中的得分連動。

聯邦快遞還有一個內部衛星電視網，每天向全世界一千兩百個地點播報公司的最新動態，也方便了世界各地的管理人員和員工之間隨時進行聯絡，這充分展現了公司快速、坦誠、全面、互動的交流方式。

其二，充分授權。公司重視溝通的同時，還向員工充分授權。公司的扁平式管理結構不僅得以向員工授權賦能，而且擴大了員工的職責範圍。

員工有什麼問題可以向管理層質疑。員工可以根據公司的「公平待遇保證流程」來處理與管理人員的爭執，從而在最大程度上避免了因糾紛引起的不和與內耗。

(2) 體恤員工

其一，從不裁員。聯邦快遞尊重員工，還體恤員工，表現了公司對員工實行的是人性化管理模式。

「從不裁員」這一政策對企業來說也是利大於弊，因此，有其特殊性。同時從員工角度上說，這種「人心政策」能讓員工心存感激，湧泉相報，有助於培養員工對公司的忠誠。

其二，激勵勝於控制。聯邦快遞經常讓員工和客戶對工作做評估，以便恰當表彰員工的卓越業績。

其中幾種比較主要的獎勵有：開拓獎、最佳業績獎、金鷹獎、明星或超級明星獎。不但對員工進行激勵，還給予必要的指導。聯邦快遞的經理會領導下屬按工作要求做出相應的調整，以創造一流業績。

(3) 為員工提供發展機會

其一，職業培訓。聯邦快遞還為員工提供良好的培訓和職業生涯設計，同時還不斷提升其素養，使得員工不僅具備實際工作經驗，還具備一定的理論基礎。

其二，公司會把員工送到不同的地方進行培訓，使他們具備一定的國際開拓視野。

第五章　壓力與動力間的平衡術

2、提供晉升機會

為了讓每個員工都受到公平待遇，公司設計出了一套流程，把普通員工培育成富於創造力和關心細節的中層甚至高層管理人員。

公司確定了成為管理人員的九種特質，凡認為自己已具備這些特質的員工，都可以進入公司獨特的管理人員篩選流程——領導評估與發現流程。因為聯邦快遞的管理者們必須接受嚴格的訓練並受到嚴密的監督。

3、五條重要的管理原則

(1) 打破常規規則

弗瑞德‧史密斯說服國會使美國民航管理委員會解除了對航空快運的限制後，聯邦快遞開闢了隔夜送達貨運業務，從中獲取了巨大利益。

聯邦快遞也曾因採用「固定價格體系」來採取「郵區和容量定價體系」而在貨運業引起了巨大轟動。這一改變不僅大大簡化了聯邦快遞的業務流程，而且也使客戶能夠準確預測到自己的運輸費用。

(2) 努力效果的原則

聯邦快遞始終把客戶的問題當作自己的挑戰和潛在的商業機會，總是嘗試用各種獨特的方法來滿足和預測顧客的需求。

因此，聯邦快遞總是激勵員工去樹立良好的公司形象。良好的企業形象需要經過持久的努力才能最終形成，這種精心樹立起來的形象有益於保持並擴大公司的市場份額。

(3) 高科技資訊服務的原則

在現在這個飛速發展的資訊時代，為了幫助客戶發展電子商務，聯邦快遞為他們提供了專門的軟體即聯邦快遞發貨系統，從而使客戶的運輸過程實現了自動化。

(4) 多元化文化合作原則

聯邦快遞擁有自己的大文化，也有各種區域文化。聯邦快遞的文化使各成員緊密連繫，精誠合作，注重各部門的合作，為實現公司宗旨而共同努力，為顧客提供品質優秀的服務。

(5) 先發制人的原則

聯邦快遞鼓勵管理階層看準時機果斷做出決策，宣導冒險精神，由於公司積極宣導冒險精神，許多看上去不太合理的舉措都獲得了成功，如第一輻射式發運系統、專用運輸機隊、聯邦快遞技術的電視廣告等等。並認為機會稍縱即逝，必須抓住機會，否則就會失敗。

第六章
打鐵還需自身硬，領導力升級

不要以為自己總是高人一等，不要認為命令可以代替一切，真正能讓人欽佩的領導，一定是把做人與做事合為一體並發揮到最大效能的管理方式。

第六章　打鐵還需自身硬，領導力升級

優秀領導力的三大表現

什麼是領導力？它是指如何去影響他人的卓越領導能力。

未來的世界將是充滿熱情、精力充沛的領導人的天下——這些人不只精力充沛，而且具有「有效影響」，使被領導的人也跟他們一樣，活力四射。

華倫・班尼斯是現代管理學大師，為了研究，他找到九十位很有績效而且足以證明其優秀的領導人。他的研究目標，是希望找出他們優於所謂「好經理」的領導能力。結果他發現，真正的領導人都是極具高度「影響力」的人。

經過長期的觀察和交談，班尼斯找出了這一群「領導人」每個人或多或少都擁有的四種領導能力：

- 能充分發揮注意力和影響力在管理中的作用；
- 能夠使下屬充分理解和支援領導的意圖和目的；
- 能夠充分取得下屬及員工的信賴；
- 能夠有效地約束自己，使自己始終保持有影響力的形象。

優秀領導力的三大表現

班尼斯認為：

「這群領導人身上最明顯的第一個能力，就是有『影響力』。他們有強大的能力引起其他人的注意，因為他們有遠見、有夢想、有意圖、有一套行事層和一個參考架構。他們會傳達出格外專注的奉獻訊息，因而吸引人們的注意。」

這種影響別人積極投入工作的能力，是透過「意向」、「遠景」、「遠見」來吸引別人的注意力。

卓越的領導者非常清楚，所謂「管理」，就是讓員工去做該做的事；所謂「領導」，就是讓別人「主動」去做必須做的事情。他們積極努力發揮個人的影響來成事，而不光靠管理能力。

有效領導的精髓不在於如何去「管」人，而在於如何去「影響」人。

然而，不是所有的管理者都是領導者，也不是所有的領導者都是管理者。在理想情況下，所有的管理者都應是領導者。但是，並不是所有的領導者都具備完成其他管理職能的潛能，因此不是所有的領導者都處於管理職位上。一個人能夠影響別人這一事實並不代表他同樣也能夠計劃、組織和控制。

領導者帶領的是一群領導者，而管理者帶領的只是一群下屬。真正的領導者有能力吸引潛在的領導者。因此，領導

第六章　打鐵還需自身硬，領導力升級

者的重要任務就是爭取並辨識和留住潛在的領導者，然後培養他們成為優秀的領導者。領導者的真正價值在於讓追隨者成為領導者。偉大的領導者造就出其他的領導者，這正是團隊發展、組織壯大的關鍵所在。

領導力是領導者獲得追隨者的能力。擁有經理的頭銜、總裁的地位，並不意味著就擁有了領導力；在自己的範圍內指揮別人，這也不是領導力的展現。

真正的領導力應該由獲得追隨者的能力來衡量，獲得的追隨者越多，說明領導力越大。所以領導者應使追隨者真誠地集合在自己身邊，並引導他們自覺地沿著一定方向前進。

那麼，領導者怎樣才能獲得自己的追隨者呢？這是與領導者的個人能力、品行及為人處世方式有關的。顯示領導才能只是必要的手段，而不是最終的目的。

領導者獲得追隨者的能力，主要表現在三個方面：

◆ 有遠見卓識

領導者的作用應該是，在大家束手無策的時候，引導追隨者沿著一定的方向前進。身為領導者，要有超乎尋常的遠見卓識，只有這樣才能告訴追隨者們應該朝哪個方向走。然而這條路又是未卜的，所以他又要走在隊伍的最前面。他在關鍵時刻可使團隊士氣大振，凝成一股強大的衝擊力。

領導者的遠見卓識，不僅在於為追隨者指明應該前進的方向，關鍵還在於能將追隨者引導到他們希望去的地方。也就是說，領導者的領導目標應與團隊價值觀相一致，這樣才能順人意、得人心。

◆ **導師表率**

　　領導者不僅是領袖，也是導師。領導者應該教給下屬的是行為原則，即面對不同問題時的正確反應。

　　領導者作為一個原則的確立者及維護者，不一定需要親自提出原則，但領導者一定要嚴格地掌控原則，要維護原則，首先要將原則傳達給每一位下屬，常用的方式是開大會、喊口號、貼標語，甚至是個別談心。

　　領導者不僅是原則的維護者，也是原則的執行者，甚至是原則本身。他就好比團隊的一面旗幟，一聲號角。他的行為，感染著追隨者的行為；他的指向，引導著團隊的方向。

◆ **具有人格魅力**

　　有良好個人品格的人更讓人信賴，即使才學稍遜，也比那些才能出眾而人品低劣的人更有可能成為領導人物。品格好的人，別人當然願意與他合作，並貢獻出自己的力量。

　　但是，單靠良好的個人品格還不能成為領導人物，這些品格必須和積極與人溝通的能力結合起來才能發揮作用。金

第六章　打鐵還需自身硬，領導力升級

子具有價值，但價值產生於人們認識金子之後。領導者與別人建立良好的人際關係，主動關懷別人，學會與別人交談並調動別人的積極性，就是一個讓人認識的過程。領導者透過這一過程，將自己的人格魅力煥發出來，對他人產生潛移默化的吸引力和巨大的鼓舞力量。

可以這麼說，在多數情況下，人們追隨的不是某個計畫，而是能鼓舞他們的領導人物。領導者的巨大鼓舞力主要來自領導者的個人魅力和溝通能力。

領導力不僅僅是領導的能力，它還包括多方面的能力：

◆ 領導力是一種合力

「領導力」的含義遠遠超出「領導者」這樣單一的意義，它包括領導者與追隨者兩個方面的含義。人們因為對一些高瞻遠矚的領導者由衷敬佩而常常產生這種錯誤的看法，即領導力來自某一個人。「英雄造就時勢」就代表了這一論調。事實上，人民群眾才是創造歷史的主人，領導者只是起引導眾人、凝聚眾人力量的作用。領導力是一種合力，即領導者與追隨者相互作用而迸發出的一種思想與行為的能力。若是用公式來表示就是：合力＝領導者的能力＋追隨者的能力－阻力。簡言之，「合力」就是一個團隊顯示出的整體能力。

「領導者的能力」與「追隨者的能力」就是領導者與追隨

優秀領導力的三大表現

者分別具有的潛在能力。至於阻力，它是導致團隊能力不能充分發揮的力量，領導者的主要任務就是盡己所能減少團隊阻力，進而激發團隊和個人的最大潛在能力。它包括兩方面：一方面，選擇正確的方向，採用有效的方法，以避開外界阻力，清除前進道路上的障礙；另一方面，進行科學的指揮與激勵，減少內部摩擦力，使追隨者以飽滿的熱情沿著指定的方向前進。

任何團隊若要想取得成功，一定要對「合力」有深刻認識，並在企業中也一定要有能將合力充分發揮的領導者。領導者的個人能力在合力中所占的比重與成功機率是成反比的，其占的比重越小，越能成功；所占比例越大，事越難成。唯「合力」才能形成真正的實力。

◆ **領導力是一種爆發力**

領導力不是一個人、一個職位或一個項目的力量，而是領導者與追隨者相連繫時所發生的相互作用的關係，領導者與追隨者相互作用的關係並不是有些人認為的那麼簡單，也不僅僅是上下級的關係。

那麼，領導者與追隨者相互作用的關係應如何建立起來呢？它是追隨者在與領導者交往過程中被領導者出色的個人素養、魅力吸引後，才可以使追隨者很自然地被吸引到領導

第六章　打鐵還需自身硬，領導力升級

者身邊，並與之建立起那種相互作用的關係，使雙方相互吸引、相互認同、相互影響。

領導者與追隨者的關係正是這樣由少到多、由短暫到長期地建立起來的。兩者之間的相互作用也會逐步加強，並最終形成一股能達成共同目標的力量，團隊的潛力才會爆發出來，成為促進團隊前進的動力。

◆ 領導力受追隨者認知度的制約

領導者與追隨者之間建立良好的互動關係是以相互認同為前提條件。領導者獲得追隨者的前提是取得追隨者的認同，這包括三個方面：

- 思想與行為得到追隨者的充分理解；
- 得到追隨者感情上的認同；
- 符合追隨者的期望值。

這三者缺一不可。一般來說，領導者和追隨者的認知度越接近，他們之間相互作用的關係就越緊密，領導力越大。當領導者不能與追隨者的認知水準相一致時，他便迎合不了追隨者，更不用說獲得追隨者的支持了。

人們希望領導者帶領他們向著新的和較好的結果邁進，但是人們更希望領導者帶領他們走向他們想去的地方。除非

領導者能迎合人們的需求，否則人們是不願意追隨他們的。

如果領導者不能改變追隨者的認知度，也就不會取得他們對自己領導方針的信任和支持，這也就意味著失敗了。領導者的影響力，不能仰仗職權的影響，而要從心靈深處產生。

從長遠的意義上來說，領導者不能去形成對追隨者的認知，而是要反映追隨者的認知。領導者能吸引的僅是那些具有同樣認知的追隨者，領導者必須在適應追隨者的認知水準後，才有可能引導追隨者達到新的認知水準。

但是，追隨者對領導者的服從未必都是理智的。盲從是領導力發揮本領的阻礙因素，這是領導者必須警惕的。作為領導者，應該盡力提高下屬理智的認知度，將盲從的因素降到最低，這樣，才能將領導力發揮到最大。

第六章　打鐵還需自身硬，領導力升級

非凡領導者的五大特質

具有領導力的領導過程都是強而有力、行而有效的。只要我們深入探究其中根源，不難發現，其中優秀領導者的特質是勇於挑戰、激發共同的遠景、使他人有能力、以身作則、鼓舞人心。這五項特質便是促使領導者實現成功，創造不凡的金科玉律。

1、具有強烈的冒險意識及進取心

優秀領導者往往表現出高度的工作積極性，擁有較高的成就渴望。他們進取心強，精力充沛，對自己所從事的活動堅持不懈，並有高度的主動精神。

作為非一般統禦能力的領導力，必須以冒險為天性，視挑戰為使命。如果陷入常規落入俗套，任何領導行為都是毫無作為的。因此領導人必須勇於冒險。

雖然多數領導者將成功歸諸於運氣好，或時地相宜，可是他們之中沒有任何人是坐等幸運之神前來敲門的。能領導組織成員達到空前成功的人，都願意尋找挑戰，並勇於應戰。

非凡領導者的五大特質

每一個成功領導的個案，都免不了具有某種程度的挑戰，或許是創新的產品，或許是出奇的服務方式，或是對權力與職責的顛覆，甚至創立一家新公司或新企業。不管挑戰內容是什麼，所有個案都離不開「革除現狀」。

領導者可以被稱為勇於踏入未知領域的人。他們願意冒險，為了找到更新、更好的方法來做事，不斷創新、做實驗。領導者就是在挑戰中不斷學習的人，他們從錯誤中，也從成功中學習。

2、引人注目

優秀領導者身上最明顯的一個特質，就在於有能力引起他人的注意、嚮往和崇拜，並讓他的追隨者對他們的團體或單位產生歸屬感。

擁有高度影響力的領導者，幾乎個個都有超凡脫俗的遠見，夢想渴望成真的藍圖，以及一套周密可行的計畫方案。他們常常帶頭領軍，強調團隊精神，教導新進夥伴認同組織的價值體系，使夥伴們覺得跟隨他效命，是一種至高無上的榮耀，從而吸引追隨者的注意，讓人不由自主地與他攜手合作。

第六章　打鐵還需自身硬，領導力升級

3、知己知彼

如同做「健康體檢」，這些領導者都能定期要求自己參加「領導特質」、「領導能力」測驗，以了解自己的才能，知道自己的長處、短處，然後定好計畫增強或改善它。

同時，明智的領導者知道他們需靠下屬獻身來完成任務。他們試圖向下屬請教，誠懇地請他們指出他擁有什麼程度的能力（技術能力、管理能力、理念能力與人際關係能力），在團體中的地位與權力，以及是不是一位稱職且受人尊重的領導者。總之，成功的領導者對自己領導能力的了解，遠超過一位平凡的領導者。

4、言行一致

這些令人敬佩的領導者，都具有信心、真誠、智慧、責任感、勇氣、抱負、同情心等品德，他們堪稱是有品德的領導人，百分之百值得信賴；即使面對強大的壓力、脅迫和艱難，也絕不動搖。他們總是把團體的利益置於個人利害前面，不是偶爾為之，也不是為了博得良好的聲譽，而是隨時隨地都能讓人信賴，讓人不顧一切地跟隨在他身旁。

他們相信言教不如身教，而且言出必行。

總之，優秀的領導者的行事風格，立場永遠前後一致，始終如一。

5、高瞻遠矚

　　永遠挺身站在高處，帶著望遠鏡清楚地看出未來方向，具有遠見，則是優秀領導人另一項難能可貴的才華。他們比一般人更喜愛面對未來的世界，他們更擅長結合事實、資料、希望、夢想、機會和危險，擬訂中長期策略、計畫，喚起夥伴攜手勇往直前，為組織謀求長遠的利益，甚至讓公司反敗為勝。

　　優秀領導者，並非個個都是預測高手，但是，他們都懂得利用各種方法，去研究、獲知未來潮流的方向，並編織美夢，讓下屬了解並支援他所擬訂的目標。具有領導力的成功的領導典範普遍認為，為員工構築一個充滿刺激又很有吸引力的未來，是自己最得意的領導經驗。

　　確實如此，如果領導人對未來不具有獨到的願望及夢想，而且對自己的夢想不是滿懷信心、矢志不渝，對自己的能力不是有十足把握，那麼怎麼能領導組織成員成就非凡的成果呢。

第六章　打鐵還需自身硬，領導力升級

沃爾頓的走動管理：
不待在辦公室裡

作為領導者，要想讓下屬永遠跟隨，那麼時時注意他們，並讓他們注意到你，應該是個相當管用的好點子。

過去你也許可以坐在辦公桌後面來領導下屬，現在可大不相同了。你必須離開你的辦公桌，走進下屬的工作場所裡，親身視察，因為這可是當今激發員工工作熱忱，提高領導魅力的最佳捷徑之一。

如何能真正做到注意別人，也讓別人注意到你呢？最好也是唯一可行的方法，就是你必須要到處走動。《追求卓越》的作者湯姆・畢德士稱這項技巧為「走動式管理」。

有人說，你到美國沃爾瑪百貨的經理辦公室找人，很可能會撲空。因為，他們的經理都是馬不停蹄地在各家分店造訪視察。

事實正是如此，根據美國一項權威調查顯示，「走動管理」做得最徹底的，要算是威名百貨的創辦人山姆・沃爾頓了。其中提到了山姆・沃爾頓早年在傑西潘尼百貨當實習雇員的時候，就已經深深體會到經理視察對員工的衝擊。

沃爾頓的走動管理：不待在辦公室裡

　　沃爾頓說他在傑西潘尼百貨服務的時候，有一天最高經理詹姆・潘尼本人大駕光臨，他走到沃爾頓眼前和他談話，潘尼並教他如何用「最少的繩子和最少的紙」做精美的包裝。沃爾頓覺得潘尼的一舉一動都流露出對員工的關心。這次的遭遇深刻地影響到沃爾頓日後的領導理念。

　　當沃爾頓自行創業之始，就立下決心要親身到各家分店走動和觀察，注意別人，也讓別人注意到他的存在和關切。沃爾頓本人常誇口說，他每年都會親自造訪數百家以上的分店（當時沃爾瑪百貨大約有 1,700 家，山姆俱樂部約 200 餘家）。他覺得視察每家分店其樂無比，並且因為親自造訪，各個分店經理不得不早一點發現問題並做出解決，以免釀成危機。

　　你如果經常走出辦公室到處看看，跟實際工作的員工不拘形式的談談，你將會獲得如下的好處：

- 資訊流通顯得更加順暢，上行下效，下情上達；
- 信心和信任在組織中到處可見；
- 你可以讓夥伴了解公司正在推動的事情 —— 尤其是一些和他們自身利益休戚相關的事；
- 員工會更充分了解和接受團隊的目標；
- 員工可以自由自在地說出真心話 —— 可以聽到原本聽不到的事；

第六章　打鐵還需自身硬,領導力升級

- 可以獲得許多樂趣;
- 員工對你的信任提高到你無法想像的地步;
- 發現團體中的若干缺失可以立即改正過來。

既然實施「走動管理」有這麼多的好處,那應如何有效做好「走動管理」?

湯姆‧畢德士提出來的六步驟,值得借鑑:

- 放張卡片在口袋裡,上面寫著「我是來聆聽的」;
- 記下你所答應的事,並立即辦理;
- 保護提供資訊的員工;
- 要有耐心;
- 聆聽,但也要藉機宣揚你的規範;
- 利用方法使你自己和你的同事走出辦公室。

實施「走動管理」,很顯然會受到下屬們大力支持和讚許的。因此成功的領導者必須學習傳教士的精神,經常在人群中露面,因為,傳教士非常清楚傳授真理不能老是待在房間裡,必須走到世俗社會的各個角落中,你也應當如此才是。

走動管理的回饋至少可以歸納成以下五項:

沃爾頓的走動管理：不待在辦公室裡

- 組織的氣氛變得愈來愈民主、和諧和融洽；
- 覺得和經理在一起時，信心十足，什麼事都可以辦得到；
- 下屬感恩圖報，工作更加賣力；
- 實際解決了許多現場的問題；
- 大量的溝通和互動。

第六章　打鐵還需自身硬，領導力升級

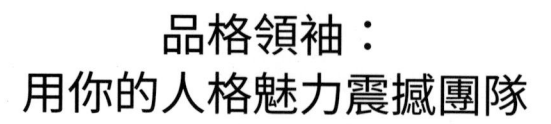

品格領袖：
用你的人格魅力震撼團隊

作為領導者，你要懂得使用下面的方法增進員工的自信心：

- 和員工談話時，專心一致，讓他們覺得受重視；
- 賦予責任時，讓員工以自己的方式發揮；
- 即使事情做得不好，也不要收回他們的責任；
- 學習誠實表達你的感情，要員工也誠實表達他的感情；
- 承認自己的錯誤；
- 讓每個員工在工作範疇內發揮他的創意；
- 注意員工好的表現，不要只挑錯；
- 讓員工知道你信任他；
- 不要拿員工比來比去；
- 公平，不要偏心，鼓勵整潔；
- 不要將員工和他的工作混為一談；
- 如果員工做錯了，讓他了解你不滿意的是他的工作，不是他個人；
- 與員工分享決策的權力；

- 不要求員工做超過他們能力的事（如果員工實在不能勝任工作，可以委婉地勸他們做別的工作）；
- 對員工要仁慈、體恤；
- 建立明確的規則，執行規則，執行規則要前後一致；
- 當員工彼此發生衝突時，要為他們解決問題。

兩千年前，馬其頓國王亞歷山大率領軍隊出征印度，途中斷水。全軍將士乾渴難忍。於是，國王命衛兵去四處找水。

但衛兵找回來的卻只有一杯水，便把它獻給了國王，這時，國王下令，立即把部隊集合起來。然後國王端起這僅有的一杯水，充滿信心地對全軍戰士發表了演說：「水源，已經找到，我們只要前進，就一定能夠找到水。」

話音剛落，大家只見國王把手中的那杯水潑在地上。將士們頓時精神振奮，懷著巨大的希望，不顧難忍的乾渴，跟著國王繼續前進。

只有這樣的上司，只有這樣的精神，這樣的品格才能使對方感到震撼，得到對方的心。

作為上司還要注意自己行為的公正性、合理性和科學性。禁忌採用下列各種不恰當的行為，例如：基層員工完成了任務，卻獎賞他們的上司和同僚。期望員工樣樣都行，十全十美。強調過程，不重視結果。認為員工怎麼工作，比為

第六章　打鐵還需自身硬，領導力升級

什麼工作重要。完全不鼓勵有創意的思考，公開表示，只有高階層的經理才有好觀念。當事情進行順利時，卻橫生枝節，另出點子。愛管瑣事，如購買文具、影印文件等等，卻忽略公司業務及如何激發員工的潛能。

對於那些要跳槽的下屬，你更要採取慎重的態度，要事先查看一下他的紀錄。他的工作能力固然重要，他的目的也不容忽視。純粹將你的部門作為跳板的人在錄取的時候要謹慎再謹慎，不要等你依靠於他而他要跳槽時再想辦法補救。

其實，「跳槽」現象在理論上大都可以避免。如果在原公司能發揮自己的作用，能受到充分的肯定和重視，誰願離開熟悉的環境投入到另一種不可預知的環境中去呢？要針對年輕員工的特點，有意識地培養他們對公司的感情，防止跳槽的發生。

受過良好教育的年輕人自尊心強，爭強好勝，自我感覺良好、更富有個性，勇於突破各種權威和規章制度的束縛，積極參與和自己有關的各項決定。這對於正在發展中的公司來說是積極因素，對力求穩定的公司來說是消極因素。

因此，一個積極上進有所作為的領導者，要和他們多交流多溝通，幫助他們解決問題，提高效率，同時也是幫助你自己更好的管理本部門，更好地完成工作任務。

凝聚力爆表的老闆：
你也能做到

　　領導，其實就是凝聚能力的極致發揮，從而促成他人合作和達成目標的一種過程。從領導效能的觀點來看，我們不得不承認：凝聚力遠勝過權力。

　　多少年來，有關領導的書籍和研究報告層出不窮，討論的主題涉及組織領導、權力領導。這些重要的主題，都包含了許多不錯的構想。事實上，這些都可以精簡成一句話：「與其做一位實權在手的領導者，不如做一位渾身散發無比凝聚力的領導者。」

　　領導者怎樣才能提高自己的凝聚能力呢？一句話，一定要凝聚人心。

　　要想成為成功的領導者，就需要具備相當程度的魅力和影響力，否則，是很難實現領導者所面對的一個重要課題：如何贏得下屬的信賴和忠心。

　　有位頗為成功的領導者在一次研討會上，曾單刀直入地說道：「在現實世界裡，每一位成功的領導者，無一例外的都具有特殊的人格特質，他們不僅能激發下屬的工作意願，又

第六章　打鐵還需自身硬，領導力升級

具有高超的溝通能力，動之以情，曉之以理，渾身散發出誘人的魅力。運用獎賞或者強制力來管理，也許有效，但是如果你要提高自己的領導魅力，贏得眾人的尊重和喜愛，我建議你們要盡最大的努力以影響和爭取下屬的心。假如你們之中誰能做到這點，誰就能成為一位成功的領導者，能夠完成許多不可能完成的任務」。

高明的領導者，特別注重個人的凝聚力，這比他的職位高低和提供優越的薪水、獎金來得重要許多。它才是真正促使人發揮最大潛力、以實現任何計畫、目標的關鍵之一。

在一些效益好且蓬勃發展的公司或企業中，下屬們經常會有這樣的感受和心聲：

- 我覺得我的主管不能沒有我，因為他相當重視我，我願意為他效勞；
- 我的主管讓我覺得在團隊裡有歸屬感；
- 我的主管讓我感到我很重要；
- 他願意負起百分之百的成敗責任；
- 他好像是我的父母、兄長、益友和良師；
- 他比別人更關懷、更愛護我；
- 他讓我很明確地知道我如何可以成功；
- 他言出必行，值得信賴；

- 主管眼光前瞻，看得實際；
- 他告訴我目標和航向，並說服我一起同舟共濟。

成功的領導者，的確不在於職位和權勢，絕大部分取決於他有沒有具備迥異於人，並足以吸引追隨者的魅力。

在一本關於領導藝術的名著中，作者威廉·D·科漢也提到了相當類似的主張：

除非激發了一個人的工作動機和熱情，否則你很難令人願意追隨你。同時，柯漢也毫不留情地指出：「90% 的領導人，將工作保障、高薪和盈利好視為影響下屬工作動機的最重要因素，是值得懷疑的。比上述更重要的因素還多得多，領導人本身得擁有超凡的令人『信服』和『歸屬』的領袖魅力，才有辦法讓下屬跟著你走。」

務必牢牢記住，權力並不會自動點燃你的凝聚力，有權力並不意味著你有某種程度的魅力可以凝聚人心。

但也不用過分擔憂和懷疑自己有無足夠的領導者的凝聚力。因為領導者的凝聚力是可以培養和增進的。

著名社會心理學家瑞吉歐博士就說過這麼一句鼓舞人心的話：「每一個人都有一方能力的沃土，就等待你去開墾」。

培養凝聚能力從哪裡開始，要注意哪些基本原則，才能使下屬從心底裡佩服你呢？

第六章　打鐵還需自身硬，領導力升級

你應該這樣做：

- 使別人感到他重要。每個人都希望受到重視，你要讓下屬感到他本人很重要；
- 宣傳你的目標，說服下屬相信你的目標是值得全心投入的；
- 想要別人怎樣待你，你就怎樣待別人。你想讓別人追隨你，你就要關心他們，公平對待他們，將他們的福利放在你的心上；
- 為你自己的行為負責，也為下屬的行為負責，千萬不要把責任推諉給別人。

培養和增進領導凝聚力，使下屬從心底裡佩服你，是要講究方法和技巧的。當你激發了下屬的追隨動機之後，你還必須做到下面三點，才能更進一步展現你的凝聚力，有效地使下屬更忠實於你：

- 揚善於公堂，歸過於暗室；
- 做一個前後一致的人；
- 注意別人，也讓別人注意你。

涵養的真諦：
如何做一個沉穩主管

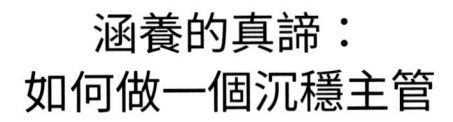

現今時代，領導者的涵養問題已成為越來越受關注的問題，正如法國一位官員所說：「成功領導有三件事：一、25%的職業技術，二、25%的想像力，其餘的50%，就是本身的涵養。」

他又補充說：「所謂的涵養，是指自己用來與社會配合發展的三種基本元素所構成的，那就是知識、行動與反省，使自己成為一個平衡的人。」

在此，知識並不單指博學多聞，而是要能知、能行，且要能隨機應變。一位大學教授說：「智慧的價值不在知識的多寡，而是要有能力在新的情況中，以不同的、特殊的知識去適應它。」

因此，你若只是滿腹經綸，還不能算是有智慧的人，也不能算是有涵養的人。像從前那種故作博學、故作忙碌狀的人，在今天不但無法獲得威望，反而會使周圍的人把他看成是沒有涵養的人。

過度自信，就會孤立自己，破壞自己與社會的配合。這

第六章　打鐵還需自身硬，領導力升級

種人在社會經濟發展時期固然還可以，但是一旦到了停滯期，就會因沒有涵養而被排斥了。

另外，有的人喜歡無故地施加壓力，喜歡拖著別人走，自己高高在上的帶頭，這種牽引機式的領導者，也是沒有涵養的表現。

涵養在其他方面而言，還包括價值觀的多元化。不過，價值觀的多元化會造成副作用，也就是說自己為了尊重別人的價值觀而不喜歡介入別人的事情，然後反過來也就不願意別人干涉自己，而產生自我中心的個人主義。

涵養釀成自我中心，就好像特效藥有副作用一樣。但是，這種副作用如果用更深一層的涵養，還是可以去除的。只是世界上的人能更深一步地修養自己的人很少，所以大多數都具有這種自我中心的副作用。

而真正有很深的涵養的人，是需要有克己的功夫與幾分豪氣的。

以自我為中心的人不願意別人干涉他，因此在領導別人的時候便容易變成牽引機式的人，而被下屬厭惡。上班族所看到的涵養，通常只是副作用的這一部分，所以對所謂涵養不屑一顧。

但是真正深厚的涵養，是有同情心並且能洞察別人的心

思。看到別人發怒時,他會設法去了解別人心裡的寂寞與煩惱,並予以安慰。所以真有涵養的人,一定能給別人良好的影響。他們心靈成熟穩定,具有誠意,有打動人心的力量。

要想成為被下屬敬佩的領導者,必須努力使自己具備這種修養。首先你應該利用閒暇盡量多讀書。但是不能漫無目的地讀,要有計劃的加以選擇。

選擇的標準是:

- 可以供工作參考,馬上可以應用的;
- 能使自己心靈成熟的;
- 能啟發自己創意的;
- 有趣的。

大致上可分以上四類,按著這種順序去讀。讀膩了也可以變換看看。

此外,也可以利用中午休息時間,自己多進修一些外國語文。

活的學問與涵養,是要經常躺下來好好地思考事物,以及反省自己所走過的路。

尤其是前人的言行你要多加閱讀,把前人的經驗與你自己的經驗加以比較,而獲取別人的經驗、了解別人的思想與

第六章　打鐵還需自身硬，領導力升級

價值觀，這有助於你去分析事物，決定事情。

涵養深厚的領導者，多半都是根據別人的人生經驗與學問，加以培養增長，而成為自己的涵養。接近這種領導者，會覺得如沐春風，使人獲益良多。

心理素養好,團隊才安心

領導者的心理素養要經過長期的訓練才能形成,它不以主觀意志為轉移,而更多地取決於客觀方面。

作為領導者應該努力在工作中學習,加強四個方面的心理素養:

◆ 保持情緒的穩定、樂觀

領導者具有穩定而樂觀的情緒,不僅有助於自己的心理健康和提高工作效率,而且能感染員工,穩定員工的情緒與激勵員工的士氣,如果領導者情緒經常不穩定,忽高忽低,將嚴重地影響實際工作水準,降低員工的士氣。

◆ 增強意志

領導者的重要任務是實現相應的工作目標。實現工作目標總是與克服困難連繫在一起的。領導者克服了困難,工作就會有所前進。

因此,堅強的意志,是優秀領導者一個重要的非智力因素方面的心理素養。堅強的意志可使領導者能以充沛的精力和堅韌的毅力,為實現實際目標而努力奮鬥,不達目的,誓不甘休。

第六章　打鐵還需自身硬，領導力升級

◆ 寬容為懷

　　寬容是品德方面的一個重要心理素養。寬容是對人關懷、愛護與體諒的高尚品格。具有寬容精神的領導者，在處理人與人關係的時候，善於同別人實行「心理位置交換」，即能站在對方的立場上，設身處地的考慮問題。領導者的寬容精神能給予下屬以良好的心理影響，使下屬感到親切、溫暖、友好，獲得心理上的安全感。

　　領導者只有具備寬容精神，才能調動一切可以調動的積極因素，化消極因素為積極因素，才能團結一切同仁，為實現工作目標而奮鬥。

◆ 謙遜與謹慎

　　作為領導者，待人接物要特別謙遜謹慎。要有自知之明，正確對待自己，既能明己之所長，也能知己之所短，做到揚長避短。既要力戒驕傲自滿，言過其實，也要防止畏首畏尾，自卑盲從。在成績面前不居功，在錯誤面前不文過飾非，主動承擔責任。這樣，工作才能順利開展。

　　要做到上述四點，領導者不妨從以下幾個方面入手：

◆ 收斂自己的不良脾氣

　　有些領導者脾氣不好，情緒容易失去控制，事無大小，都喜歡以大發脾氣來壓制人，他們總以為大發脾氣可以造成

一種震懾力。

其實不然，脾氣發得過多，會讓下屬見怪不怪，其效用也就逐漸失去，而且聰明的下屬還會形成一套自我保護的辦法。這叫做上有政策，下有對策。

◆ **不要專權獨裁**

有些領導者特別喜歡把下屬管得嚴嚴實實，喜歡看到下屬對自己唯唯諾諾，服服貼貼，在具體事情上，干預過多，甚至干涉下屬的私事。這是非常不明智的做法，久而久之，下屬會對領導採取抵制、敵視的態度。

正確的做法應該是：給下屬一定的自由空間，不要試圖把他們套在自己的小圈子裡，分派任務時，多強調目的、結果。而具體完成任務的方法，則應該由下屬自己決定。

◆ **勇於認錯、改錯**

領導者也難免犯錯，但沒有掩蓋的必要，欲蓋彌彰，反而影響到自己的形象和威信。勇敢把錯誤承擔下來，或者公開道個歉，這未必是一件壞事，說不定還會帶來意想不到的效果。

勇於認錯、改錯並不是把汙點擴大，適當的認錯，可以把汙點變為亮點，這就是小過不掩大德的道理。認錯，並立即修正它，這實際上是在顯示領導者本人的德操，也在無形中為大家做出了榜樣。

第六章　打鐵還需自身硬，領導力升級

為什麼我們如此強調領導者要有健康的心理素養呢？這是因為：

下屬總是會更多地信任那些勇於挺身而出，承擔重大責任和艱巨任務的領導者。有時油滑諂媚，善拍馬屁的主管也許會獲得上一級的寵信，但下屬絕不會信賴他們。

某大商場預備開設自己的網站，建立網站需要克服許多技術上的困難，而具體到網站的細節設置，又牽涉到許多商業問題。負責這項工作的副處長發愁，到哪裡找既懂電腦，又懂銷售的人來負責呢？問了好幾個人，都被推辭了，因為他們深知責任重大，自己又有許多不懂的業務而不能勝任。商場的這項計畫就一直拖延下來。

科長小張是資訊系畢業的，在商場從事電腦聯網的工作，對商業銷售也不懂。他看到副處長一籌莫展的樣子，便自告奮勇說：「我試試吧。」副處長也抱著試試看的心理同意了。小張接手之後，一邊向商場專業人員請教，積極學習商業知識，一邊著手解決技術問題。專案推進得雖然不快，但卻在穩步前進。副處長對他的信任也在增加，不斷放手給他更大的權力。最後，他勝利完成了任務，自己也成為了該網站的經理。沒過多久，小張就升為副處長，因為大家覺得他堅強、心理素養好。

從這個案例可以看出，心理素養強，才能提升領導者的凝聚力，才能讓大家放心。

領導者要做榜樣：
「照我做的做」

　　所謂以身作則，就是應該把「照我說的做」改為「照我做的做」，這樣才能產生更好的教育作用。

　　有這樣一句格言：知道不等於得到。這句話的意思是說：知道不等於懂，懂不等於做到，做到不等於得到。

　　然而，現在有些領導者總對他的下屬這樣說：「照我說的做。」可是他們不明白，這是下下之策。真正的上上之策應該是：「照我做的做。」

　　領導者的工作習慣和自我約束力，對下屬有著十分重要的影響作用。如果一個領導者經常無故遲到，私人電話一通接一通，工作過程中又不踏實，總是盼望著早點下班，那麼他就很難管理好他所在的部門，所有工作都會搞得一塌糊塗。

　　美國玫琳·凱化妝品公司以「領導者以身作則」，為所有管理人員的準則。公司創始人玫琳·凱每天都把未完成的工作帶回家把它繼續做完，她的工作信條是：「今天的事絕不能拖到明天」，她從來沒有要求她的下屬也這麼做，但她的助理以及七位祕書，也都具有她這樣的工作風格。

第六章　打鐵還需自身硬，領導力升級

　　一個領導者只有嚴格地要求自己，發揮帶頭表率作用，才能具有說服力，才能增強自己的凝聚力。

　　玫琳・凱為了使公司的產品擴大影響，更具說服力，她從來不用別的公司生產的化妝用品，她絕不容許公司職員使用別家公司的化妝用品，就像她不能理解賓士轎車的推銷員開著 BMW 轎車四處遊說，保險公司的經理自己不參加保險一樣。

　　有一次，玫琳・凱發現一位經理使用其他公司生產的粉盒和唇膏，於是走到她的桌旁，婉轉而幽默地說：「上帝呀，妳在搞什麼試驗吧？我想妳是不會在公司裡使用別家產品的吧！」聽了玫琳・凱的話之後，那位經理的刷地一下紅到了耳根。過了幾天，玫琳・凱親自把自己未使用過的口紅和眼影膏送給了那位經理。

　　玫琳・凱非常重視維護形象，因為她深知，一個化妝品公司的經理的形象怎樣，會給客戶留下深刻的印象，會影響到公司的聲譽和發展。

　　1970 年代，美國流行穿長褲，但玫琳・凱不管是在什麼時候從來不追逐這種流行，始終保持著自己的形象。她甚至為了保持自己的形象，放棄了她一生中最大的愛好 —— 園藝。因為她擔心自己會在不留意中，讓沾在身上的泥土破壞自己的形象。

領導者要做榜樣:「照我做的做」

正是由於玫琳‧凱的這種以身作則,公司裡每一位員工都衣著整潔合體,形象光彩照人。

古語說:「己欲立而欲人,己欲達而達人。」這句話的意思是說,只有自己願意去做的事,才能要求別人也去做,只有自己能夠做到的事,才能要求別人也去做到。

作為現代領導者必須以身作則,用無聲的語言說服下屬,這樣才能形成親和力,才能表現出高度的凝聚力。

第六章　打鐵還需自身硬，領導力升級

第七章
前後左右皆暢通的團隊運作

矛盾和衝突不應該掩蓋、壓制,應該讓它表現、發生、顯現出來,這有利於把不同的觀點、情緒宣洩出來,使對立情緒的人在心理上獲得一種平衡,從而有利於衝突的緩和與解決。

第七章　前後左右皆暢通的團隊運作

員工衝突是無法避免的課題

出現衝突,就要進行協調、處理。從管理心理學角度來說,衝突可以看成是兩種目標的互不相容或互相排斥。員工衝突指的是由於員工與員工之間、員工與組織之間的目標、認識或情感各方面互不相容或相互排斥而產生的結果。

事實上,只要有人存在,只要社會在發展,便會有衝突存在,它是客觀的,衝突無處不在,無時不在。員工之間、員工與管理者之間也存在著衝突。一言蔽之,只要是人們的觀點不一致,利益存在矛盾,人們之間便存在衝突。

1、衝突的發展階段

傳統觀點認為,衝突不是什麼好事情,任何事情都要盡量避免衝突。其理由是:

- 管理者不希望看到衝突,如果沒有衝突,人們一般都會認為管理者的工作比較有成效;
- 衝突會威脅到企業內部的和諧和團結;
- 由於衝突的存在,會讓員工感到不安全,從而影響了他們的工作效率。

現代行為學派對衝突則是另外一種看法，他們的觀點是：

- 衝突是不可避免的，它是自然發生的；
- 對待衝突的態度是人們只能接受它；
- 衝突有負面的作用，同時也有它正面的影響；
- 衝突是合理存在的，人們應該盡可能地有效處理衝突事件，最大限度地發揮衝突的正面作用。

下面就將這兩種基本觀點對比一下（表 7-1）。

表 7-1　衝突的兩種觀點對比表

衝突	傳統觀點	現代觀點
基本觀點	衝突可以避免	衝突不可避免
起因	管理不善、經營決策失誤、人為因素	原因眾多，有消極的，也有積極的，如正當競爭、比賽等
對企業生存和發展的影響	可能使企業在內亂中瀕臨解體	不可一概而論，有時可使雙方在相互妥協、互相制約的基礎上調整關係，使企業在新的基礎上取得發展
對人際關係的影響	導致人與人之間的相互排斥、對應	有時可以增強相互間的吸引力，同時還有可能增強內部的凝聚力
對工作效率的影響	影響業績	有時會促進競爭，提高業績

衝突	傳統觀點	現代觀點
管理者的任務	消滅衝突	盡量緩和與避免衝突的發生，採取有效措施處理已發生的衝突，使它能向好的方面轉化

　　衝突太多和太少都會妨礙組織的進步。也就是說，如果一個企業衝突太少，則會使員工之間態度冷漠，互不關心，缺乏創意，從而使企業墨守陳規，停滯不前，對改革創新沒有反應，降低了工作效率；如果企業的衝突太多，衝突會對企業造成傷害，帶來很大的破壞性，員工之間出現敵對和不合作的情緒，降低了工作效率，同時也會使企業的發展停滯不前。如果企業存在適量的衝突，則會提高員工的興奮程度，激發員工的工作熱情和創造力，從而使企業不停地創新和前進，同時也促進了企業在管理方面的新陳代謝，提高了企業的凝聚力和競爭力。

　　針對衝突發生的不同情況，企業的管理者應該採取不同的對策來避免衝突的發生。

　　當企業衝突太少時，管理者應該主動地求新求變，有目的的開展一些活動，調動員工的創造性和積極性。

　　比如舉辦企業管理大討論，讓每一位員工對企業管理中的問題各抒己見，提出他們的合理化建議。當企業衝突過多

時，管理者不應該急於對衝突進行裁決，應該先緩和氣氛，做一些疏導工作，必須保證員工的合法利益。在事態趨於穩定時，再對衝突進行處理也不遲。

當企業衝突適量時，管理者應做好衝突的處理工作，以公平、求實為原則，認真妥善地處理已經發生的問題。

一般來說，衝突的發展要經歷 5 個階段，它們分別是潛伏階段、被認識階段、被感覺階段、處理階段和結局階段。

第一，潛伏階段。潛伏階段是衝突的萌芽期，這一階段衝突還屬於次要矛盾，員工對衝突的存在還沒有認識。在這個階段，衝突產生的溫床已經存在，隨著環境的發展變化，潛伏的衝突可能會自動消失，也可能被激化。

第二，被認識階段。這一階段，員工已經感覺到了衝突的存在，但是這時他們還沒有意識到衝突的重要性，衝突還沒有對員工本人造成實際的危害。

如果這時及時採取有效措施，便可以將未來可能爆發的衝突緩和下來。

第三，被感覺階段。在這個階段，衝突已經給員工造成了情緒上的影響。員工可能會為自己受到不公平的待遇而氣憤不已，也可能對需要進行的選擇十分困惑。

不同的員工對衝突的感覺也是不一樣的，這與員工的個

第七章　前後左右皆暢通的團隊運作

性、價值觀等多種因素有關。

第四，處理階段。員工必須對衝突作出處理，處理的方式是多種多樣的。例如逃避、妥協、合作等等，對於不同的衝突有不同的處理方式，即使是同樣的衝突，不同的員工採取的措施有時也不一樣。

對衝突的處理，集中展現了員工的處世方式和處世能力，同時也展現了員工的價值體系和對自己的認知。

第五，結局階段。衝突的處理總要有一個結果。不同的處理方式會產生不同的結果。這種結果有可能是有利於員工的，也可能是不利於員工的。

當衝突得到徹底解決時，結果的作用仍然會持續下去。很多情況下，衝突並沒有得到徹底解決，結果只是階段性的結果。有時甚至處理了一個衝突，又會帶來其他的幾個不同衝突。

分析了什麼是衝突，衝突發展經歷的幾個發展階段後，不難看出，衝突是時時刻刻存在的，解決掉一個衝突，又會有另外一個衝突需要解決，看上去很讓人頭疼，衝突多得讓人不知所措。

其實對於管理者來說，問題沒有這麼複雜，只要抓住主

要的衝突加以解決和預防，工作還是會很順利地開展的。

2、員工衝突的四種成因

前面分析了衝突的發展階段，每一階段衝突的成因也各不相同，歸納起來，我們把衝突的成因分成四類：一是杜布林的衝突成因模型；二是員工自身衝突的成因；三是員工之間衝突的成因；四是組織衝突的成因。

(1) 杜布林的衝突成因模型

著名行為學家杜布林運用系統的觀點來觀察衝突問題，從而提出了衝突的系統模式，如圖 7-1 所示。

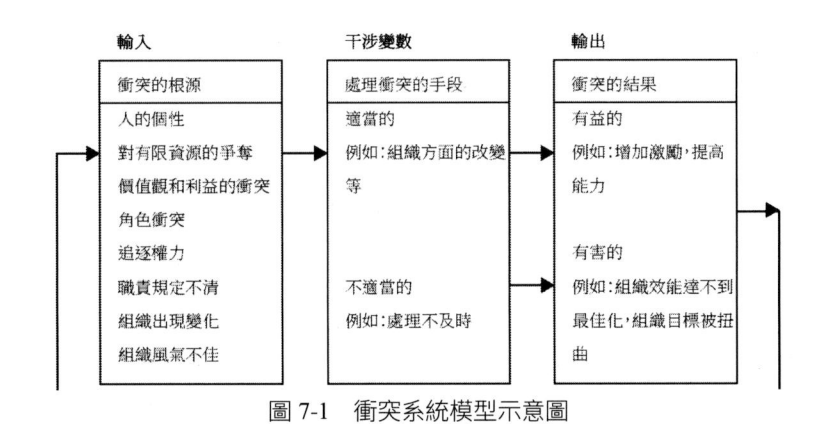

輸入	干涉變數	輸出
衝突的根源 人的個性 對有限資源的爭奪 價值觀和利益的衝突 角色衝突 追逐權力 職責規定不清 組織出現變化 組織風氣不佳	處理衝突的手段 適當的 例如：組織方面的改變等 不適當的 例如：處理不及時	衝突的結果 有益的 例如：增加激勵，提高能力 有害的 例如：組織效能達不到最佳化，組織目標被扭曲

圖 7-1　衝突系統模型示意圖

根據杜布林的衝突系統模型，衝突的起因可分為下面

第七章　前後左右皆暢通的團隊運作

八種：

◆ **第一種，人的性格**

　　由於人的性格不同，導致人們對相同的問題存在著不同的理解，如果這種理解的差異無法及時調整，就會造成衝突。

　　另一方面，不同性格的人對問題的處理方式也不同，由於這些不同的意見和處理方法的存在，人們之間便產生了衝突。

◆ **第二種，對有限資源的爭奪**

　　對企業來說，企業的財力、物力和人力資源等都是有限的，不同部門對這些資源的爭奪勢必會導致部門之間的衝突。

◆ **第三種，價值觀和利益的衝突**

　　不同的價值觀和利益的不一致性也會產生衝突。價值觀是一個人在長期的生活實踐中形成的，在短時期內是無法改變的，因此，價值觀的衝突也是長期存在的。

　　利益的衝突展現於兩個方面，一是直接利益衝突；二是間接利益衝突。比如待遇不公平就是直接利益衝突；而培訓機會、發展機會等問題引起的衝突，則展現為間接利益的

衝突。

◆ **第四種，角色衝突**

由於企業的角色定位不明確或員工本人沒有認清自己的角色定位，也會引起衝突。例如：某部門經理未經授權去干涉其他部門的正常工作，兩部門之間肯定會發生衝突。

在企業中，角色衝突根源在於企業角色定位不明確，由於管理者沒有進行有效的工作分析，關於企業的職位職責等文件依樣畫葫蘆其他企業的模式，一點也沒有考慮是否符合自己的實際情況，這樣做肯定會導致企業的角色定位不明確。

◆ **第五種，對權力的追逐**

任何人都有欲望，只是程度不同而已。有些人權利欲特別旺盛，尤其是某些管理者熱衷於追逐權利，不能安分守己的去做好本職工作以內的事情，喜歡越職、越級、越權去處理事情，這樣勢必會造成員工多頭領導和企業的管理沒有秩序。在這種情況下，衝突是在所難免的。

◆ **第六種，職責規定不清**

由於部門的職責不同，或每一個職務的職責不清，這樣也會造成衝突。職責不清主要展現在兩個方面：一是某些工

作沒有做，二是某些工作出現了內容交叉的現象。

◆ 第七種，組織出現變化

當企業的經營發展方向、人員結構、管理模式等發生變化時，企業原有的平衡狀態就會被打破，自然就會引起新的衝突。

◆ 第八種，企業風氣不佳

企業的價值觀混亂，沒有嚴格的管理規章制度，企業的管理者和員工都在為各自的利益而忙碌，企業看上去如一盤散沙，管理十分混亂，在這種風氣下，衝突的產生當然在所難免。

(2) 員工自身衝突的成因

員工自身的衝突也叫員工個體衝突，這種衝突一般與其他人員沒有直接的關係。員工自身衝突的成因可分為雙趨型衝突、雙避型衝突及趨避型衝突三種：

- 第一，雙趨型衝突。雙趨型衝突各方就其本身對員工自身是有利的。例如：由於員工的工作業績突出，公司決定對該員工進行獎勵，讓員工自己選擇是去旅遊，還是

去培訓。這種衝突不論選擇哪一種,結果對員工自己都是有利的。
- 第二,雙避型衝突。與雙趨型衝突正好相反,雙避型衝突各方本身對員工自身是不利的。例如:由於員工工作業績不理想,公司讓員工自己選擇是降薪,還是辭職。
- 第三,趨避型衝突。這種衝突各方本身有可能對員工自身有利,有可能對員工自身不利。例如:員工重新選擇工作時,有可能選擇到比現在工作更好的地方,也有可能新的工作不如現在的工作。

(3) 員工之間衝突的成因

員工之間衝突的產生原因是各式各樣的。歸納起來主要有下面四種:

◆ 第一,基於資訊的衝突

造成基於資訊衝突的主要原因是因為資訊不能實現共用。

資訊不能共用可能會使員工產生不公平感。相同職務、相同上司的兩位員工,因為管理者的偏愛或其他原因,使他們在工作中獲得的資訊量不一樣,獲得資訊量小的員工就會

第七章　前後左右皆暢通的團隊運作

產生不公平的感覺,如果這種情況發展下去,該員工甚至會產生對另外一位員工或上司的敵視情緒。

◆ 第二,基於價值觀的衝突

每位員工的生長環境、教育程度、社會經歷、人生經驗等是不同的,價值觀存在差異也是正常的。價值觀本身之間不會產生衝突,但是價值觀經常展現在員工的工作態度、工作行為中,員工的這些態度和行為有可能會產生衝突。

◆ 第三,基於認知的衝突

對相同問題的不同理解也會使員工之間產生衝突。比如同樣是軟體發展工作,由於對技術路線的認知不同,在開發過程中,自然就會產生衝突。

每位員工對相同的問題有不同理解是很正常的,這就需要企業的管理者進行決定,讓所有的員工統一認知,統一行動,來實現企業的經營目標。

◆ 第四,基於本位的衝突

基於本位的衝突來源於管理者的本位意識。管理者在考慮問題時如果常從自身的發展和自身的利益出發,往往會形成這種衝突。

例如:有些管理者擔心自己的員工會超過自己,因而不

願向員工授權；有些管理者為了表現自己的管理能力，干涉員工或其他部門的工作，這些都是管理者本位意識的具體展現。

(4) 組織衝突的成因

組織衝突指的是企業內部群體與員工、群體與群體之間的衝突，組織衝突的成因主要包括職位職責衝突、生產部門與職能部門的衝突、橫向衝突和縱向衝突四種。

◆ 第一，職位職責衝突

部門職位職責不明確容易產生組織衝突。

職位職責不明確包含下面兩個方面：

其一，職位職責本身不明確。如果企業沒有職位職責，或者從來沒有進行過工作分析，職位職責依樣畫葫蘆其他企業的分析成果，或者企業本身發生了較大的變化，都會展現職位職責本身不明確。如果職位職責本身不明確，則不能對員工的工作進行準確分工，久而久之就會產生衝突。

其二，沒有按職位職責工作。有些企業雖然有明確而適用的職位職責，但是因為職位職責的貫徹力度不夠，使員工不能按照職位職責的要求進行工作，這樣也會產生衝突。這

第七章　前後左右皆暢通的團隊運作

裡要注意的是，對職位職責的貫徹執行，管理者負有很大的責任，如果管理者不嚴格按照職位職責來分配工作，員工即使想按照職位職責工作，也會無所適從的。

◆ 第二，生產部門與職能部門的衝突

廣義地講，生產部門指的是直接為企業帶來利潤的部門，例如技術部、製造部、生產部、市場部等都可以看作是生產部門。

職能部門指的是為生產部門服務的部門，如行政部、人事部、財務部等都應看作職能部門。職能部門既是管理部門，又是服務部門，而且它又是面向企業各個部門的服務部門。而生產部門則很少與其他部門打交道，並且工作性質和任務也與職能部門有很大不同。所以生產部門與職能部門之間產生衝突也是在所難免的。

舉例來說，為了維護企業的財務狀況，財務部門嚴格了企業的財務報銷制度，而市場部門因為出差和應酬費用很大，自然會受到財務部門的控制。但市場部門則認為，他們的花費是正常的，因為他們必須同客戶建立起關係，應酬是難免的，這樣市場部門與財務部門之間便會產生衝突。

◆ 第三，橫向衝突

横向衝突指的是平行的群體與群體之間的衝突。例如上例中的衝突,既是生產部門與職能部門之間的衝突,又是橫向衝突。

◆ 第四,縱向衝突

縱向衝突指的是有隸屬關係的群體之間的衝突。比如總公司與分公司之間的衝突,決策層與職能部門之間的衝突,這些都屬於縱向衝突。

3、員工衝突的類型

(1) 根據衝突的內容分類

根據衝突的內容不同,我們把員工衝突簡單的分為下面三種類型:

◆ 第一,目標衝突

當員工所希望獲得的結果或預期的效果與現實互不相容時,就會產生目標衝突。例如:一位員工希望有一個安定的工作環境(以便能夠有更多的時間進行學習),而企業準備派他去跑銷售,這項工作需要經常出差,這時就會產生目標衝突。

第七章　前後左右皆暢通的團隊運作

目標衝突是生活中最常見的衝突類型，由於目標衝突涉及到衝突雙方的利益問題，因此該類型的衝突也是最難處理的一種衝突。

◆ 第二，認知衝突

當員工的認知（建議、意見和想法等）與自己的同事或管理者的認知產生矛盾時，便會產生認識衝突。例如：員工認為企業的工作考評方式不太合理，而管理者認為這種考評方式是適合企業實際情況的，於是便產生了認識衝突。

另外一種認知衝突，是價值觀和信仰的衝突。因為價值觀與信仰的不同而產生的衝突，只想透過簡單的說服教育是很難處理的，因為這樣更會使衝突雙方堅守自己的觀念和信仰。比較好的處理方法是在不嚴重影響團體利益的情況下求同存異、相互包容，尊重員工個人的價值觀和信仰。

◆ 第三，情感衝突

當員工在情感或情緒上無法與自己的同事或管理者相一致時，便會產生情感衝突。情感衝突一定有其能夠產生此種情感的背景事件，有些時候找到了這些背景事件，並能夠很好地解決問題就能緩解情感衝突。

但當情感已經成為一種公式，單靠具體問題的解決是無

能為力的,這時就需要衝突雙方(或藉助第三者)進行充分的溝通交流,使相互之間取得信任,從而共同來解決情感衝突。

(2) 杜布林的衝突分類模型

著名行為學家杜布林將衝突分成兩個尺度,一個尺度是從衝突的利弊來進行研究,將衝突分為有益的和有害的兩種;另一個尺度是從衝突的實體出發,將衝突分為實質的和個人的兩種。實質的衝突是指涉及到技術上或行政上的因素的衝突;個人的衝突實質涉及到個人情感、工作、生活態度,個性因素的衝突。如表 7-2 所示。

表 7-2 衝突分類模型示意圖

	有益的	有害的
實質的	類型一 有益的-實質的	類型二 有害的-實質的
個人的	類型三 有益的-個人的	類型四 有害的-個人的

根據這種分類方式,可以將衝突分為四種類型:

● 第一種,有益的-實質的衝突。這種衝突是具體的事務性的衝突,衝突本身對衝突各方都有好處。例如:企業

第七章　前後左右皆暢通的團隊運作

召開關於如何改善工作條件的討論會。
- 第二種，有害的－實質的衝突。這種衝突是具體的事務性的衝突，衝突本身對衝突各方都沒有什麼好處。例如：企業與員工關於待遇的爭論。
- 第三種，有益的－個人的衝突。這種衝突是個人情感的衝突，衝突本身對衝突各方都有好處。
- 第四種，有害的－個人的衝突。這種衝突是個人情感的衝突，衝突本身對衝突各方沒有什麼好處。

需要說明的是，一件衝突所歸屬的類型不是一成不變的，它可能會隨著環境的變化，或者事件的變化而進行轉化。例如：由於上司管理失誤，造成員工的工作業績下降，這本身是實質性的衝突，但是如果上司長期如此，那麼這種衝突便會轉化為情感上的衝突。

掌握原則與技巧，完美處理矛盾

矛盾無處不在，無時無刻。企業內部也是這樣。管理者每天與員工相處共事，難免發生矛盾。管理者如果能把這些矛盾妥善處理，就會在員工中樹立起自己的威信，與員工建立起一種和諧融洽的關係。

在處理與員工的矛盾時，管理者可以從下面這些方面入手：

1、掌握「安全閥」論

衝突是組織動態的主要表現形式之一。衝突既有破壞功能，又有建設功能，對於管理者來說，首先應該掌握如何解決和利用衝突，使衝突服從於決策目標的技巧。

齊美爾認為，矛盾和衝突不應該掩蓋、壓制，應該讓它表現、發生、顯現出來，這有利於把不同的觀點、情緒宣洩出來，使存在對立情緒的人在心理上獲得一種平衡，從而有利於衝突的緩和與解決。

用辯證法的觀點來看，調和並不能解決矛盾，只能掩飾矛盾，只有競爭才能使矛盾得到最終解決。這裡的解決是指管理

者要創造一定的條件，使員工的不滿情緒能透過一定的管道、途徑和方式發洩出來，使企業的各項工作得以穩定和有序的運行。這裡的發洩管道、途徑和方式就稱為「安全閥」。

「安全閥」是從其他領域中移植來的一個術語，如水利工程專家在水庫設計、施工中，為了確保水庫的安全，都設有「溢洪道」等裝置，當蓄水位達到一定高度時，多的水便從「溢洪道」中流出來。

在國外，許多企業都非常重視情緒的宣洩，成功地運用宣洩和「安全閥」理論來認識、評價和解決矛盾和衝突的管理者也不乏其人。松下幸之助認為，作為最高職業經理人，要有可發牢騷的員工，不論是副總經理或祕書都可以，有這樣的人是職業經理人的幸運。

2、多從自身找原因

我們可以肯定無疑地說，若管理者與員工之間發生矛盾衝突，有 90% 的責任應該在管理者身上。這是因為，作為員工，沒有一個人想得罪自己的上司。每一個員工都希望與上司建立良好的關係。

誠然，員工衝撞上司的確會讓管理者威風掃地，很沒臉面。而要擺脫這種被動局面，管理者應該多從下面所列的原因中找出屬於自己的過錯。

自己處事不公，令員工憤而衝撞；

- 唯派是舉，依個人喜好行事，令員工遠而衝撞；
- 自己不廉潔，令員工厭而衝撞；
- 優柔寡斷，令員工躁而衝撞；
- 游移多變，令員工恐而衝撞；
- 只說不做，令員工氣而衝撞；
- 有規不遵，有法不行，令員工散而衝撞；
- 亂加批評，令員工惱而衝撞；
- 剛愎自用，自滿自大，令員工怒而衝撞；
- 平庸無能，不能服人，令員工藐而衝撞。

3、化解矛盾，勇於承擔責任

解決矛盾時，如果是管理者的責任，或者有必要時，要勇於承擔責任。把責任推給員工，出了事兒只知道責備員工，不知道多從自身找原因的管理者，就很容易與員工發生矛盾，也會冤屈了員工。這些都會讓管理者失去威信和人心。

即使是員工的過失，做上司的也要站出來承擔一些責任，例如主動表示承擔指導不當的責任等，這樣更能顯出管理者的高風亮節，勇於承擔責任才不致在出了問題以後發生上下關係緊張以致產生矛盾的情況。有時還會因為管理者的勇於承擔責任，使許多矛盾消弭於無形。

4、允許發洩不滿的情緒,避免激化矛盾

管理者與員工之間存在衝突,如果因為管理者在工作中有失誤,員工會覺得不公平、壓抑。有時會發洩出來,甚至是直接面對管理者訴說不滿,指斥過錯。

遇到這種情況,管理者不能以暴制暴。管理者要始終這樣理解:

我的員工還是非常信任我的,是對我寄予了希望的。沒有信任,害怕說了之後會被『整頓』,他就不說了,沒有寄予希望,他就不會來找我了。

因此管理者在接待發洩不滿的員工時,要耐心地聽取員工的訴說,如果他經過發洩後能感覺心裡舒服多了,能更愉快地投入到工作中去,那麼管理者耐心地傾聽有什麼為難的呢?同時這也是一個了解員工的好機會,管理者切莫一怒而失良機。

5、慎重行事,盡量不爭辯

管理者永遠不要這樣開場:「好,那我就證明給你看。」這句話等於是說:「我比你更聰明。我要告訴你一些事,讓你改變看法。」這樣做無疑是一種挑戰,只會在員工間引起爭端,在管理者尚未採取行動之前,員工已經準備迎戰了。

無論在什麼情況下，要改變別人的主意都是不容易的。為什麼要採取更激烈的方式使他更不容易改變呢？為什麼要使自己的困難增多呢？

如果管理者想證明什麼，不要讓任何人看出來，這就需要運用技巧，使員工察覺不出來。

「必須用若無實有的方式教導別人，提醒他不知道的事情好像是他忘記的。」

三百多年前義大利天文學家伽利略曾說：「你不可能教會一個人做任何事情，你只能幫助他自己學會做這件事情。」英國十九世紀政治家查爾斯・巴奈爾曾對他的兒子說：「如果可能的話，要比別人聰明，卻不要告訴人家你比他聰明。」

如果員工說了一句你認為不正確的話，身為管理者的你不妨這樣說：

「是這樣的！我倒有另外一種想法，但也許不對。我常常會弄錯，如果我錯了，我很願意被糾正過來。讓我們來看一看問題的所在吧！」

這樣肯定會得到意想不到的效果。

6、徵求員工的反面意見

管理者只有深刻了解員工的反面意見和要求，才能有效地避免和杜絕衝突的發生。否則，管理者就可能糊里糊塗地

第七章　前後左右皆暢通的團隊運作

犯錯，甚至造成矛盾的激化。

所謂的「越知道什麼是錯誤，才越不容易犯錯；越不知道什麼是錯誤，才越容易犯錯」講的正是這種道理。

由此可見，反面意見就是「警鐘」，就是「黃牌」，全面地了解這些反面意見，是減少和避免矛盾衝突發生的重要前提。

由於事物的兩面性及互相轉化性，所以高度重視和有效地徵求反面意見，防止矛盾衝突發生激化，是非常重要的，也是必須要做好的一項工作。

應該看到，徵求反面意見，是一件比較困難的事情，有些人甚至認為這是一個「非常痛苦」的過程。但是，只要注意探索其中的規律，講究得體的方法，這項工作也並不難做。

7、正確疏導員工的反向心理

這裡的反向心理，指的是在某種特定條件下，個體對於輸入資訊在心理上產生的一種與常態性質相反的逆向反應。在任何一個企業裡，管理者可能對員工產生反向心理，員工也可能對管理者產生反向心理。反向心理具有兩極性，它的影響可能產生好的結果，也可能產生不好的結果，最終導致矛盾衝突。

對於員工的反向心理，有些管理者搖頭感嘆，認為這是大逆不道，進而百般指責，這樣做只能使員工的反向心理更

強，矛盾衝突發生的可能性會越來越大。

對此，許多管理者都覺得束手無策。為什麼會產生這種現象呢？這與一些管理者缺乏分析、主觀武斷，採取一概否定的態度有很大的關係。事實證明，反向心理的產生絕不是偶然的，它有著社會的、心理的以及主客體的諸多種原因。當然，它與員工的自身素養，以及社會的因素有直接的關係。

另外一方面，反向心理的產生與管理者採取的方法也是分不開的。

管理者的下述行為很容易使員工產生反向心理而造成矛盾衝突：

◆ 第一，獨斷專橫

有些管理者處事、為人「只許州官放火，不許百姓點燈」，喜歡一手遮天，不僅獨斷專橫，並且動不動就大動肝火、待人不能平心靜氣，對人缺乏關心態度，久而久之，員工就會產生反向心理，從而發生矛盾衝突。

◆ 第二，過分責備

當員工在工作中出現失誤時，管理者不是設法幫助員工查找原因，而是不問青紅皂白，不分事大事小，劈頭蓋臉地批評、責備員工、使本來就情緒不穩的員工產生反感從而產生矛盾衝突。

第七章　前後左右皆暢通的團隊運作

◆ 第三，評價不全面

對於員工的言談、舉止以及成績或缺點不能依據客觀事實進行評價，而是根據管理者個人的喜好來評判，凡不符合自己口味的事情就抓住一點，不考慮其他因素，進行片面評價。即使員工的成績很突出，管理者也視而不見，反而只找弱點與不足之處進行評價。

◆ 第四，強制實施

管理者自認為自己很高明，因此不管決策正確與否，也不管員工是否願意接受、執行，一味採取自上而下的壓制，強令實施，員工做也得做，不做也得做。

◆ 第五，濫用處罰

對員工的管理應該是在做好思想工作的基礎上進行的，但有些管理者不願、也不會做思想工作，動輒用處分、懲罰來管理員工，使員工望而生畏，產生反向心理。

反向心理的形成與發展有其規律可循。因此，對那些主要是由於管理者的原因引起的員工反向心理而產生的矛盾衝突，可以從以下幾個方面進行化解：

- 克服「上位心理」，與員工建立和諧融洽的人際關係。
- 克服自以為是的心理，善於吸收員工的優秀特質。
- 增強自我調整意識，嚴於律己，寬以待人。

8、正確看待員工的缺點和不足

任何員工都不可能沒有缺點毛病，聰明的管理者應辯證客觀地看待這一點，要把握時機，在不斷的批評教育中讓員工揚長避短，迅速適應職位的要求。可是，一些管理者由於情面或其他原因，對於員工的缺點採取消極的做法，不但耽誤了員工的成長進步，同時也損害了自己的威信，而且這樣放縱下去也容易引起矛盾，產生衝突。

管理者對於員工的缺點應注意「五忌五宜」：

- 第一，忌功過和泥，宜賞罰分明；
- 第二，忌板臉慪氣，宜直言其過；
- 第三，忌遷就迴避，宜防微杜漸；
- 第四，忌印象終生，宜積極施教；
- 第五，忌幸災樂禍，宜胸懷坦蕩。

9、警惕別有用心的人挑撥離間

作為管理者，在與員工發生衝突和矛盾時，一定要冷靜分析衝突的緣由，警惕某些別有用心的人乘虛而入，要以大局為重，採取息事寧人的態度，盡快弄清問題，緩解衝突，達到新的團結。

第七章　前後左右皆暢通的團隊運作

絕大多數人是真誠和善良的，但也有一些虛偽和刁滑的小人。那種為了個人的私利而在同事間挑撥離間的不乏其人，管理者必須警惕這些人，真正做到大公無私，胸懷坦蕩。

10、從容應對員工的頂撞

遭遇員工的頂撞是多數管理者經常會遇到的難題，處理不好會給管理者本人和員工帶來深深的傷害。

如果頂撞者的意見有可取之處，被頂撞後管理者應當以寬廣的胸懷和誠懇的態度，主動接受他的意見，切不可明知自己不對，還裝出一副很正確的樣子，盛氣凌人，根本不把員工的意見當回事。如果頂撞者的意見是錯誤的，被頂撞的管理者也不能因為自己的意見正確就任意地訓斥員工，而是要針對該員工錯誤的地方，曉之以理，動之以情，耐心地說明和解釋，讓員工心服口服。

有些員工頂撞上司時，往往會心情激動，精神緊張，有些甚至失去理智，不能自制，因而聲音較大，言辭過激。有些管理者不是克制自己的情緒，保持冷靜的態度，而是針鋒相對，毫不相讓，最後是激烈的爭吵，聲音大得震耳欲聾，造成了惡劣的影響。冷靜在這種情況下顯得尤為重要。

在員工的頂撞中，有些是管理者的錯誤，有些則是員工

本人的錯誤,這些都很好解決。關鍵是有些人為了達到個人目的,存心製造爭端,刁難上司,明知自己不對,還要強詞奪理,無理取鬧,無亂頂撞。當然,對這種人管理者絕不能讓步,而應該義正辭嚴,對他進行嚴厲的批評,堅決除去他陰暗的心理。

11、給不聽話的員工一點顏色

有些員工由於自恃有一定專長,或自知企業裡很難找到人替代他的工作,或自認與企業的某些大客戶關係良好,往往難以管束,對企業的規章視而不見。

遇到上述的情況,管理者首先要弄清楚該員工對企業的重要性:

- 他的專長是否難以替代?
- 他與客戶的關係是否涉及到企業的利益?

假如暫時找不到可以替代他的人,企業失去他又會受到損失的話,不妨暫時容忍。最好私下找機會和他談談,了解他不聽話的原因。

- 是否企業有什麼不對?
- 或是同事之間有無隔閡?

第七章　前後左右皆暢通的團隊運作

　　了解到了原因自然可以對症下藥，企業也不想隨便損失一名有用的員工。不過，有些時候是員工本身的驕傲自滿在作怪，以為企業沒有他不行，因此氣焰囂張。如是這樣，最好安排員工逐步接替他的工作，並物色適當的員工。

　　但是，這項措施在時機不成熟之前最好不要讓該員工知道，可以鼓勵他多放假，好趁機要他把工作交給別人。另外，還可借由升遷為藉口，要他培養一些接班人。

12、勇敢面對員工的正面攻擊

　　管理者有時會碰到這樣一種員工，他們總是喜歡不遺餘力地攻擊指責別人，散布流言蜚語，造謠中傷同事，或出言不遜地辱罵別人等。

　　在這種情況下，管理者要不要針鋒相對地予以回擊呢？對此，在考慮和選擇自己的行為方式時，管理者應該注意下面幾個問題：

◆ **第一，應弄清楚自己所遇到的是不是真正的攻擊**

　　下面這幾種情況很容易被誤認為是攻擊：

- 其一，由於對某種事物持不同的看法，員工提出了比較強硬的質疑或反對意見。此時，如果管理者能夠給予必要的解釋和說明，衝突就會很好的解決。

- 其二，由於管理者自己對某事處理不當，員工在利益受損的情況下表示不滿並提出抗議。如果的確是管理者自己處理不當，或雖然並非失誤，但確有不妥善之處，而員工又言之有理，那麼，儘管員工在態度和方式上有出格的地方，也不能把這看作攻擊。
- 其三，由於種種誤解，致使他人發脾氣，出言不遜。這時，只要耐心地、心平氣和地把問題澄清，事情自然也會過去。如果管理者忽視了判別與區分真假攻擊的不同，往往會鑄成大錯。

◆ 第二，不應該全部針鋒相對

即便管理者完全能夠確定員工在對自己進行惡意攻擊，也不應該統統地給予回擊。與員工的交往中，對付惡意攻擊最好的方法莫過於不理睬他。

如果不理他，他仍不放鬆，那管理者也不必和他槓上。因為這樣會正中他的下懷。而且那些喜歡攻擊他人的人，都善於以缺德少才之功消耗大德大智之勢。如果管理者和他槓上，他不僅喜歡奉陪，還會戀戰，非把管理者拖垮不可。在這種時候，管理者應果斷地拂袖而去。

因此，管理者與富有攻擊性的員工打交道，不管他是否懷有敵意，首要的就是要勇於面對他的進攻。

第七章　前後左右皆暢通的團隊運作

另外，還應注意下面七點：

- 給員工一點時間，讓他把火發出來；
- 員工說到一定程度時，打斷他的話，隨便用哪種方式都行，不必客氣；
- 如果可能，設法讓員工坐下來，使他不那麼好鬥；
- 用明確的語言闡述自己的看法；
- 避免與員工瞎扯或貶低他；
- 如果需要並且可能，休息一下再和員工私下解決問題；
- 在強硬後做一些友好的表示。

13、變反對者為支持者

成熟的管理者都會駕馭反對者，把反對者變為支持者，化消極因素為積極因素。怎樣才能變反對者為支持者呢？

這就要做到下面三點：

◆ 第一，虛懷納諫，勇擔己過

一個管理者必須具備虛懷若谷的胸懷，必須有容納諍言的雅量。遇到員工反對自己的事，要捫心自問，檢討自己的錯誤，並且在反對自己的員工面前勇敢地承認錯誤。

這不但不會失去威信，反而會提高自己的權威。員工也會因為管理者的認錯更加尊重管理者而與管理者合作。千萬

不可居高臨下，壓服別人，一味地指責員工的過錯，從不承認自己不對。即使心理承認但口頭上卻拒不承認，怕丟面子，這是不可取的，也是員工最不能接受的。

◆ 第二，弄清原因，對症下藥

員工反對管理者的原因是各式各樣的，只有弄清楚才能對症下藥。

有些人認知能力較差，一時轉不過彎來，對於這種類型的員工切不可操之過急，而應多做說服工作。實在相持不下一時難以統一時，不妨說：「還是靠實踐來下結論吧！」有些反對者是對管理者的思想工作方法欠妥或主觀武斷、或處事不公有意見，對於這種類型的員工，最好的處理方法就是從善如流，在以後的行動中來自覺糾正。

還有些員工則是因為個人的目的未達到，或管理者堅持原則得罪過他，對於這種員工一方面要團結他，一方面要義正言辭地指出他的問題，給予嚴肅的批評與教育。切不可拿原則作交易，求得一時的安寧與和氣。管理者必須冷靜地分析員工反對自己的原因，做到有的放矢，對症下藥。

◆ 第三，不計前嫌，處事公正

這是一個正直、成熟的管理者的基本素養，也是取得員工擁護和愛戴的最重要的一條。

第七章　前後左右皆暢通的團隊運作

員工最擔心也最痛恨的是管理者挾嫌報復、處事不公。管理者必須懂得和了解員工這一心理，對擁護和反對自己的員工要一視同仁，切不可因親而賞，因疏而罰，搞那套「順我者昌，逆我者亡」的官僚主義作風。只有這樣，員工才能消除積慮和成見，與管理者同心協力做好工作。

14、嚴明紀律

在管人行為中，充分運用「懲一儆百」的管理手段，將有助於樹立管理者的威嚴，增強對員工的控制力。但是值得注意的是，「懲一儆百」也不能隨便濫用。管理者必須根據管理活動的需要，選擇最適當的時機和方法，偶爾用一次，才能收到預期的效果。

在這方面，管理者應注意以下四點：

◆ 第一，不要輕易放過第一個以身試法的「人」

千里之堤，潰於蟻穴。再嚴明的法紀也經不住員工一次又一次地違反、破壞。

為了維護法規、制度的嚴肅性，管理者必須及時抓住第一個膽敢以身試法「人」，堅決從嚴處置，以教育員工本人，同時教育更多的員工。

◆ 第二，重點懲罰性質最差勁的員工

有時候，管理者會同時遇到好幾個違反規章制度的員工。倘若不分青紅皂白一律嚴加懲處，一是打擊面過寬，發揮不了應有的教育、挽救作用；二是對工作和生產也會產生一些不利的影響，企業甚至會因此而蒙受一些不必要的損失；三是管理者樹敵過多，不利於今後搞好上下級關係。

為此，管理者在從嚴處置時要講究方法和策略，盡可能擴大教育面，縮小打擊面。管理者應從多個違規的員工中，精心挑選性質最差勁、影響最壞的一個重點懲處，同時對其他幾個情節較輕、態度較好的員工，給予適當的批評教育。這樣做，一方面能教育多數員工，另一方面也能使受到嚴懲的員工陷於孤立的境地，從而真正地收到懲一儆百的良好效果。

◆ 第三，懲處違法的員工應做到合情合理

在管理人的行為中，任何懲罰手段都是無情的。但是管理者在運用這一無情手段時，應該盡量做到合情合理。

所謂合情，是指合乎人之常情，懲處方式不應該超過，也不要偏激，不應超過常人的心理承受能力，能被多數人的感情所接受；合理，是指懲之有理，符合相關法規、制度、條文的精神，拿揑分寸，使人心服口服。「懲一儆百」，不怕

第七章　前後左右皆暢通的團隊運作

嚴,也不怕硬,只要管理者能做到嚴之有理,剛中有情,就一定能收到預期的良好效果。

◆ **第四,給員工必要的關心幫助和教育**

在運用「懲一儆百」的管理手段的過程中,同時要注意使用嚴與愛、剛與柔這兩種手段,對員工施以必要的關心、幫助和教育,管理者才可能使員工懂得,嚴格要求員工實際上也是對他們的一種愛護,從而心悅誠服地接受管理者的管束,甚至接受管理者對自己的懲處,逐步將自己鑄造成一個能和整個管理機器協調運轉的合格「零件」。

上述四點,是管理者在運用「懲一儆百」的管理手段時,應該特別注意的。當然,在實踐過程中,根據不同的情況,不同的對象,還可以巧妙的運用一些其他的手段。

有效解決衝突的實用方法

不論是用人、管人、管事都要講協調能力，還要講方法，這樣才能收到好效果。

1、解決員工衝突的一般方法

解決員工衝突通常可以採用六種方法：協商法、仲裁法、拖延法、和平共處法、轉移目標法以及教育法。

(1) 協商法

這是一種常見的解決員工衝突的方法，也是最好的解決方法。

當衝突雙方勢均力敵，雙方的理由都比較合理時，適合採用這種方法。

具體做法是：管理者首先要分別了解衝突雙方的意見、觀點和理由，接下來規劃一次三方會談，讓衝突雙方充分地了解對方的想法，透過有效地交流、溝通，最終達成一致，使雙方的衝突得以化解。

(2) 仲裁法

當衝突雙方衝突激化後，雙方的敵視情況嚴重，而且衝突的一方明顯的不合情理，這時如果由管理者出面採取仲裁法，由管理者直接進行了斷比較合適。

(3) 拖延法

衝突不是十分嚴重，並且屬於認識上的衝突，這些衝突如果對工作沒有太大的影響，採取拖延法效果比較好。

隨著時間的推移和環境的變化，衝突可能會自然而然地消失。

(4) 和平共處法

對於價值觀不同或宗教信仰不同而引起的衝突，採用和平共處法比較合適。

衝突雙方求同存異，學會承認和接受對方的價值觀和信仰，這樣才能共同發展。

(5) 轉移目標法

當員工自身產生衝突時，轉移目標法比其他的方法更為有效。例如：讓員工將注意力集中到某個興趣點上，淡忘那些不愉快的事情等。

(6) 教育法

員工因為一些不切實際的想法而產生自身衝突時,管理者可以採用教育法,幫助員工認清自身的現實情況,指導員工用正確的方法來看待問題、認識問題。使員工的素養有所提高,從而幫助員工緩解衝突。

2、湯瑪斯的衝突處理模型

湯瑪斯認為,處理衝突的模式是二維的。一維是武斷程度,另一維是合作程度。這兩維相互作用可以產生五種處理方式。如圖 7-2 所示:

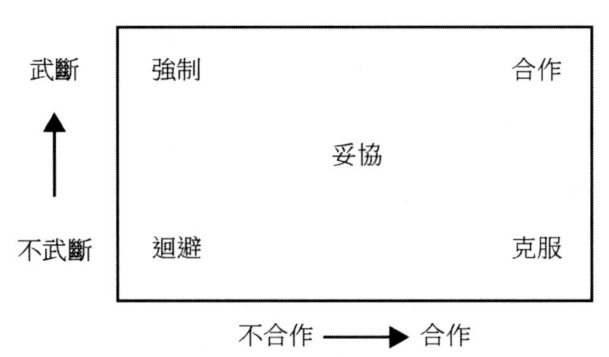

	不合作		合作
武斷	強制		合作
		妥協	
不武斷	迴避		克服

圖 7-2 衝突處理模型示意圖

圖中橫座標表示「合作」的程度。這裡的「合作」指的是:滿足別人的利益。縱座標表示「武斷」的程度。這裡的「武

第七章　前後左右皆暢通的團隊運作

斷」指的是：滿足自己的利益。

在這個二維模式裡，有五種處理衝突的方法，即：強制法、迴避法、妥協法、克制法和合作法（表 7-3）。

表 7-3　二維模式衝突處理策略

方法	適用情況
強制法	・反對那些採取不正當競爭行為的人們； ・面對非常重要的問題，必須採用特殊行為時； ・必須採取快速、果斷行為的緊急狀況時； ・涉及到違反企業規章制度，需要進行嚴肅處理的時候
迴避法	・當問題看上去是其他問題的附帶問題時； ・當管理者感覺沒有希望滿足員工的利害關係時； ・使人們冷靜下來並回收觀點時； ・收集資訊比制定直接決策更重要時； ・問題很瑣碎或有更重要的問題需要解決時； ・潛在損失遠超解決的益處時； ・當其他人可以更有效處理這一衝突時
妥協法	・勢均力敵的雙方堅持他們的目標時； ・對複雜的問題達成暫時的和解時； ・在合作或抗爭不成功情況下作為彌補； ・目標明確但不值得使用獨斷方法時； ・在時間緊迫時達到暫時緩和的解決辦法
克制法	・和諧與穩定特別重要時； ・當員工不及對方或已經輸了時； ・使員工從錯誤中學習以提高今後工作品質； ・當管理者發現自己錯誤時； ・當結局對對方比自己更有利時； ・為以後的爭端建立社會信譽

方法	適用情況
合作法	・解決有關衝突的感情問題時； ・用不同觀點有機結合思想時； ・透過共識獲得相互信任時； ・當員工的目的是學習時； ・當各方都認為妥協對雙方目標實現重要時

3、組織衝突的解決方法

解決組織衝突的方法總結起來主要有下面三種。分別是職權法、隔離法和緩衝法：

(1) 職權法

職權法就是管理者運用職權控制來解決衝突的方法。當組織發生衝突時，管理者可以運用自己手中的職權來對衝突進行裁決，從而解決衝突。

典型的例子如：當各部門在爭奪企業的有限資源時，往往由總經理最後決定資源的分配，使各部門達成和解。

(2) 隔離法

垂直管理體系就是隔離法的具體應用。當一個部門需要其他部門合作時，通常的做法不是直接去向該部門提出要求，而是向自己的上司直接進行匯報，由自己的上司向對方

第七章　前後左右皆暢通的團隊運作

的上司進行協調,由對方的上司向該部門進行安排。

這種隔離法減少了部門之間的衝突。但缺點也是特別明顯的,它不適合現代企業快速反映的需要,同時它也缺少團隊的主動合作精神。

(3) 緩衝法

緩衝法具體可以分為用儲備作緩衝、用聯絡員作緩衝、用調解部門作緩衝三種形式:

◆ 其一,用儲備作緩衝

在兩個有關聯的部門之間進行一些儲備,從而減少和避免部門之間的衝突。

例如:行政部門負責企業辦公用品的採購,如果行政部門對物品準備了庫存,當其他部門需要領取辦公用品時可以從行政部門及時領到,這樣自然就會減少它們之間發生的衝突。

◆ 其二,用聯絡員作緩衝

各部門的經理往往扮演著聯絡員的角色,負責處理本部門和其他部門的合作和協調問題。有許多企業還設置了經理助理的職務,讓經理助理充當聯絡員的角色,來緩解組織衝突。

◆ 其三,用調解部門作緩衝

一般企業都有專門的協調部門負責對部門之間的衝突進行協調。事實上,各企業的辦公例會往往就是一個臨時的調解部門。在辦公例會上,由於企業決策層和衝突的相關代表都在場,所以比較容易解決部門之間的衝突。

綜上所述,管理者應該分清衝突的類型,做到對症下藥才能緩解衝突,收到預期的效果。衝突是一種客觀存在,有了衝突不應該迴避,要正面面對,找到解決衝突的有效的處理方法。

第七章　前後左右皆暢通的團隊運作

正確對待各種衝突，
積極應對才是關鍵

員工的失禮、失信和失誤，是每一個管理者都不希望遇到但又不能迴避的問題。管理者只有學會以積極的態度對待這些問題，才有可能使壞事變成好事。

1、寬容對待員工的失禮

這裡所講的失禮，通常指的是員工對管理者不講禮節、禮貌的種種表現。

例如：有的員工在管理者作報告時，一邊聽一邊交頭接耳，該鼓掌時不鼓掌，不該鼓掌時亂鼓掌。有些員工在公開場合故意與管理者「頂撞」、「較勁」，管理者指東，他偏向西。有些員工喜歡在背後替上司編造和傳播一些小道消息，甚至搞點惡作劇。

面對員工的失禮，作為管理者首先要有「宰相肚裡能撐船，將軍額頭能跑馬」的大度和氣量，不能因員工對自己不尊重就耿耿於懷，更不要借機報復、給員工「穿小鞋」。

其次應該認真分析員工對自己失禮的原因，看是員工對

自己抱有個人成見，還是員工個性怪僻所致；是員工恃才傲物、心智不成熟，還是自己在工作中沒有堅持原則或領導無方造成的。如果是因為員工無理取鬧導致的失禮，應該盡可能給員工以寬容、淡然處之；如果是因為自己方面的原因而使員工失禮，就應主動向員工賠禮道歉，說明情況，並加以改正，重新贏得員工的好感與尊重。

2、謹慎對待員工的失信

這裡所謂的失信，指的是員工在工作上不守諾言、言而無信的種種表現。例如：有些員工對當著管理者或大家表態的事情，過後不承認；有些員工對管理者交代要按時辦好的事，到時卻忘得一乾二淨。

面對員工的失信，作為管理者，既不能採用強硬的態度批評指責一通，也不能採取遷就的方式不了了之。

首先，應該仔細分析一下員工失信的原因，是員工言行不一的工作習慣使然，還是因為自己對員工的要求太高，員工能力達不到所造成的。

其次，如果是因為員工的原因而導致失信，最好採取單獨或私下交談的方式，對員工進行批評教育，引導員工明曉事理，懂得若經常失信於大家特別是上司，就會成為不被別人信任的人。

第七章　前後左右皆暢通的團隊運作

在此基礎上,要求該員工在今後的工作中,一定要做到言必信,行必果。這樣既保住了員工的面子,避免他的不良情緒上升,又能使員工感覺到失信的嚴重性和解決這一問題的必要性。如果是管理者對員工的工作要求太高而使員工失信,管理者應當眾向員工和大家做好解釋工作,不要讓員工背負「失信」的壞名聲。

3、正確對待員工的失誤

這裡所談的失誤,指的是員工在工作中出現的各種差錯。例如:有些員工因不熟悉業務、能力不強或習慣丟三落四,以至於工作上錯誤不斷;有些員工不履行工作職責或亂履行工作職責,致使自己完成不了工作任務或造成經濟損失;有些員工為了個人的利益,百般刁難,甚至行賄受賄,出現經濟犯罪。

面對員工的失誤,管理者首先要冷靜處理。既不要大驚小怪,也不要視而不見,更不能刻意包庇,而要盡快採取有效措施進行補救,使損失降到最低限度。

其次要認真分析原因。造成員工失誤的原因,有些是因為員工的經驗不足,工作方法簡單,能力欠缺,或是員工的疏忽大意、思想認識有問題等主觀因素造成的;有些是因環境條件的限制,管理者不支援、管理者亂下決定或無法預測

的天災人禍等客觀因素造成的；有些則是主、客觀因素兼而有之。管理者一定要分清原因，不可輕易對員工的工作全盤否定。

再次要區別對待，分別處置。對出現失誤的員工，一方面要講原因，另一方面又要講感情。要針對他們造成失誤的原因，認真對他們進行批評教育，對造成重大損失的，要嚴肅查處直至繩之以法，使大家能以此為戒。

同時，要允許員工有失誤，容忍員工有過錯，特別是對於那些勇於改革、勇於擔風險、想做出一番事業的員工，應多多寬容、多加理解、多給予撫慰、多支持、多愛護，要用全面發展的觀點看待他們，不能因一時的失誤而抹煞了他們的成績，不要經常宣揚他們的失誤，不要抓住員工的失誤不放，而應幫助他們正確對待失誤，啟發他們從失誤中吸取教訓，重新樹立信心做好工作。如果造成員工失誤的原因與管理者自身有關，管理者應帶頭認錯，並主動承擔責任，不可推給員工、使員工蒙受委屈。

4、謹慎對待員工打小報告

通常，打小報告對員工本身有百害而無一利，令員工越級打報告的原因大致有以下四個：

第七章　前後左右皆暢通的團隊運作

- 認為自己有資格晉升，但自己的上司忽略了他的才能；
- 他認為上司偏袒某些員工，他的工作量比誰都多，薪資卻是一樣；
- 他認為自己比上司能幹，故意在高層炫耀；
- 發覺部門的運作有問題，在危機未發生之前，先向高層管理者報告，以免連累自己。

事實上，越級打報告對他本人一點好處也沒有，而且高層管理者也不會視他為傑出人才，反而會對他的不敬表現引起戒心。但是，這件事對管理者還是有一定的影響的。遇上這種情況，管理者可以找他談心，與他交流，並暗示他這樣做會有什麼後果。

但如果他仍然一再地做出越級報告的行為，管理者可以直接詢問他有沒有興趣到別的部門工作，並解釋說：「跟從一位自己不欣賞的管理者，是件很委屈的事。」

當然，管理者還應該向高層管理人員作出解釋，但不需要浪費時間解釋，如果管理者的行為得當，個別員工絕對無法毀壞管理者的形象。

5、巧妙對待員工的過激行為

假如有人衝進管理者的辦公室,大聲咆哮著說,你的一個員工犯了錯誤,影響了專案的進度。此時,也許你自己也想回以怒吼,但同時自己又意識到不該這樣。

在遭遇這種口舌之爭時,首先應該查明實際情況,管理者最好是平靜下來耐心傾聽,任他喋喋不休。

然後告訴他自己將馬上著手調查,並盡快給他答覆。畢竟,他的長篇大論並不能讓管理者了解準確事實,除非經過調查,否則與他討論或爭辯也是無濟於事的。

進行調查之後,不管問題是否真是由自己的員工引起的,接下來都應與這位大吼大叫的先生會談,陳述事實,提交有關檔案及工作改正計畫。

但實際的問題是,如果兩個部門相互依賴,但在專案施行過程中,管理者之間的溝通與協調工作非常少。為了避免將來出現這種情況,最好是在部門之間制定正式的定期會晤日程。

如果是跨部門之間的專案施行過程中出現意外,那表明管理層之間的溝通及跟蹤調查都做得不夠。當問題出現時,應該心平氣和地談話,而不是爭吵,這樣對方才會為自己過激的行為慚愧。

第七章　前後左右皆暢通的團隊運作

6、認真而謹慎對待員工擾亂企業秩序

在正常情況下，很少有員工會故意向企業的規矩挑戰，而擾亂秩序。因為，這些行為的後果每個員工都很清楚，如果在這種情況下失職，將會在他的工作履歷上留下不良的紀錄。

因此，員工擾亂企業秩序，通常只會出現在兩個極端的情況：一個是當事者太天真，根本對企業的規矩和人事了解不深；另一個是當事者深謀遠慮，故意向上司挑戰，心中另有所圖。

許多剛進的新員工不明白企業的規矩，或者仍未忘掉在學校時自由自在的生活，因此，一旦工作起來仍是率性而為，遇到稍微特別的事便會大驚小怪，又很容易和背景相像的員工在工作時間喧嘩嬉戲。還有一種情況，即當事者是由另一家企業跳槽來的，原企業的風氣可能很開放自由，他便很可能出現違反了企業的規矩也不知的情況。

在處理時，只要清楚說明企業的規矩，並告知犯錯帶來的嚴重後果，以及給企業造成的重大損失就行了，如果當事人並非有意向企業管理者挑戰，當他認識到問題的嚴重性時，通常也會自律起來。

如果你是一位新上任的上司，而員工是一位老資格的員

工,故意違反了企業的紀律,你應該明白這是個十分棘手的問題,所以,要小心謹慎處理。最好先與其他員工溝通交流,了解其他員工與該員工的親密程度,以及其他員工對工作的感受,藉以測試一下該員工對其他人的影響力。

如果你覺得已掌握了充分資料,便可做出決定,管理者沒有必要立即針對他的行為做出指責,而是調他到另一部門去工作,令他有更大的發揮空間。

在面談時,管理者自己最好少發言,讓對方盡量表達,你可從中得知他做出如此行為的原因。另一方面,管理者要與其他員工保持融洽和諧的關係,以免遭受任何非議。

7、正確引導員工的挑戰行為

也許你的祕書對文法的要求很嚴格,她能將你的稿子修改得無懈可擊。問題是,在平常說話時她也喜歡挑刺,這就使管理者難堪,甚至惱怒。

倘若和自己的祕書談過這些問題但沒有效果。又該怎麼辦呢?

祕書的語言才能無可辯駁,但是過猶不及,人們雖很容易了解自己的長處,但要了解自己的短處卻常常需要別人指出來。如果自己的祕書喜歡在公眾場合指出自己及同事們的

第七章　前後左右皆暢通的團隊運作

錯誤，與其說是對完美句法的追求，不如說是為了炫耀自己的才能。不管是什麼原因，她想使自己超凡不群。

顯然，針對祕書的行為，管理者需要坐下來談談。會談中，重點表明自己和同事們感謝她的指教，但強調沒有人喜歡被當眾指正。如果管理者的談話只是想讓她停止這種做法，那就好比只問症狀，不查病因的治療方法。

祕書的行為是一種典型表現，在任何工作職位上都有這種人。他們感覺沒有在事業上取得應有的成就，因此從言行上要表現出比管理者能幹的樣子。這就是說，管理者除了指出員工的缺點並作約束外，應再給予他們一定的指導。

比如說，針對祕書有很強的語言能力與興趣，管理者可以鼓勵她不僅參加寫作課，而且教授一些課程或進行私人輔導。這種機會很多，她在此過程中會對自己及事業增強信心，而且她會感覺到沒有必要再將她的語言智慧強加在自己的上司及同事身上。

總之，對待不同的員工要採取不同的辦法，並以此來化解管理者與員工之間的衝突。這樣才能使工作得以正常的進行下去。

個別談話，修補上下級關係

　　所謂個別談話是指管理者與下屬之間一對一的協商，在這類的協商中，你可以檢查下屬的工作成績是好是壞，同時也可以發現他有些什麼困擾和高興的事，有時候你還可以發現很多出乎你意料的東西。個別談話，再加上你到現場視察，這可以讓你深入了解團體的健康情形。

　　但在作個別談話時，有兩項重要因素你不能忽略。第一是選擇最適當的時間，第二是在個別談話中你到底想談些什麼。

　　很多機構要求主管定期和所有員工作個別談話，通常是一年一次。定期作個別談話是不錯的，你和你作個別談話的人，都知道個別談話的時候到了，就可以預先做準備。對那些平日沉默寡言的領導者或追隨者而言，定期作個別談話可以保證雙方有機會說話。

　　下面是宗倫剛進入企業界的領導經驗：

　　宗倫僱請了一位年長的人，他在這方面的經驗遠超過宗倫，在各方面來說，他都做得很不錯，不過有一樣不好：他常弄得宗倫下不了臺。當宗倫分配給他工作時，無法指望他

第七章　前後左右皆暢通的團隊運作

會按規定的期限完成，責備他也沒有用。在其他方面，他都表現得很好；他會按照宗倫的吩咐做事，態度也相當恭敬，但要是想讓他完成一項要求的計畫，總需要三催四請。你無法讓他獨自工作而不超過期限的，而宗倫又沒有時間去讓他嘗嘗超過期限的「教訓」。

對此，宗倫想和他特別作一次個別談話，好好討論這個問題，可是總抽不出時間來，宗倫似乎老是這麼忙碌。宗倫想在他到職六個月後，要調整他的起薪時，和他做一次個別談話；宗倫決定利用這次機會和他做一次深刻的討論。他年齡比宗倫大，經驗比宗倫豐富，也許他能找得出某種解決辦法。

檢查薪水的日子來了。現在宗倫又有了一個問題：他工作做得很好，假若給他加薪，而他這種拖泥帶水的毛病還是不改，等於是承認他這個既成事實，他更是不會改了。

於是宗倫決定，由於他這個毛病，建議不給他加薪。不過，宗倫同時加上一筆，在九十天以後再做薪資檢查。

在作個別談話時，宗倫問他是否分配給他的工作太多，他說沒有。宗倫向他解釋為什麼不能給他加薪，同時也告訴了他補救的辦法。另外向他提出幾種按時完成工作的方法。他聽了大感意外。他說，他一直在等宗倫催他；他以前工作的公司用的就是這種作業流程。

個別談話，修補上下級關係

就這樣，宗倫沒費多大力氣就將他的毛病改正過來了。在這次個別談話以後，每次他都是按期限完成交待的任務。在九十天期滿，他毫無困難的獲得加薪。工作相處再也沒有什麼困難。

在這件事上宗倫是白白浪費了六個月的時間，才將狀況扭轉過來。他發誓以後不再容許這類的情形發生。的確，自從那之後再也沒有發生過。

除了下屬要求和你作特別個別談話外，在下列的各種時機你應該找他作個別談話：

● 工作無力時；
● 你想就某件事聽取意見時；
● 你認為可以協助他時；
● 你想檢討過去行動或計畫作為經驗時；
● 你想對未來行動提出建議時；
● 確定有某種問題發生時；
● 其他任何你認為有溝通必要時。

有些管理者認為，個別談話是一件輕而易舉的事，用不著什麼籌劃。這是一種非常錯誤的想法。你應該清楚個別談話的目的，明白地將要討論的項目預先列出來，以及有哪些問題是要問的。

第七章　前後左右皆暢通的團隊運作

　　當然，你也得準備坦誠地回答對方所提的任何問題。另外，你本身也不要怕被提問題。

　　美國海軍少將羅伯特‧皮里建議一個領導者在作個別談話時，應問下列的這些問題：

- 你對團體哪些方面最感滿意？
- 周圍環境中你對哪些方面最感厭煩。
- 你對團體有什麼改進意見？
- 對團體中現有的哪些政策、策略、分支機構、制度或類似的事物應該廢除？要採取何種計畫步驟：立刻廢除？明年廢除？還是五年內逐漸廢除？等等。
- 依你的判斷，在這個團體裡誰最具創造才能、最樂於助人與最肯合作？
- 你在這個團體服務，個人有什麼目標？
- 下一步你喜歡在何處做何種工作？
- 你自認為自己最大的缺點是什麼？
- 目前你是否正在實施改進自己的計畫？
- 你認為自己下一步是否有晉升的機會？在什麼時間以內？
- 我的領導方式和決定，有哪些是使你最不滿意？
- 最浪費你時間的是哪三件事？

- 你為團體定下了哪些目標？
- 請評估過去六個月中整個團體你所屬部門或你所領導部門的業績。請指出最高和最低成效期間。

需要注意的是，皮里將軍所列出的問題，也許對你的團體有些適用，有些不適用，所以在應用時應考慮到你的團體的特性。

個別談話使你和下屬有機會暢所欲言，不必顧忌，而且不會毫無意義。只要你的個別談話運用得正確，你可以發現下屬內心深處許多你以前所不知道的東西。

第七章　前後左右皆暢通的團隊運作

員工抱怨要及時處理，別讓小問題變大麻煩

幾乎在每個公司或企業裡都有滿腹牢騷、吹毛求疵的人，這種人不僅讓人厭煩而且十分危險，他可能會影響整個部門的士氣。

允許員工稍微發點牢騷會有助於消除他們心中的怨氣。有些經理故意在會議剛剛開始的時候留出一段時間來給他們自由發言。員工們花幾分鐘時間來議論公司的缺點可以放鬆一下緊張氣氛。但是不能讓這個發牢騷的過程持續時間過長——制止他們發牢騷的辦法很簡單，只要說一句：「好了，發牢騷的時間已經結束，現在言歸正傳。」

然而，那些對任何事情都不滿意，都要抱怨的人，對於經理的權威，其他員工的士氣，甚至整個部門的效率都是一種威脅，大家會變得心灰意冷，它的負面效應是很容易看到的。

「整個公司怎麼能這麼亂七八糟的！那些白痴什麼事也辦不好！情況既然已經變得如此糟糕了，大家還有什麼必要付出百分之百的努力呢？」

員工抱怨要及時處理，別讓小問題變大麻煩

絕不能縱容這種毀滅性的抱怨繼續下去了，把他叫到你的辦公室做一次私下會談，而且準備好列舉一些此人曾說過非常無禮的話。

對這種人必須毫不留情，如若不然，你的部門將會蒙受巨大的損失。

經理：「瑪麗，我對妳最近的態度很關注，妳好像不是很舒服。」

瑪麗：「都是那些董事會的代表們，他們什麼事都做不好。你還記得我送到樓上去的那份關於長途電話使用情況的報告嗎？他們竟然把它給弄丟了！現在，我不得不重新再做一份。」

經理：「妳沒留下影本嗎？」

瑪麗：「是的，我沒留。這並不能成為他們粗心大意的理由呀。」

經理：「如果妳留下了影本，就不會增加什麼額外的工作了，對嗎？」

瑪麗：「不是這麼回事。」

經理：「事實就是這麼回事，妳這裡只不過是為一點小事抱怨其他部門。我叫妳來，是因為妳似乎對公司的許多事情都不太滿意。妳發的牢騷實在太多了。」

瑪麗：「我喜歡發表自己的看法。」

第七章　前後左右皆暢通的團隊運作

經理：「而這幾天妳所做的只不過是在不停地抱怨公司、抱怨主管和自己的同事而已。」

瑪麗：「這是因為這裡的事情實在太亂了。」

經理：「妳這麼想，我很難過。不過妳的情緒已經影響到別人了，因為聽別人不斷地抱怨是件令人沮喪的事，妳的一些同事已經向我反映這種情況了。」

瑪麗：「他們是抱怨我嗎？」

經理：「顯然，不只妳一個人知道抱怨。妳對別人對妳的抱怨有何感受？」

瑪麗：「他們無權指責我！這與他們毫無關係！」

經理：「現在也許我們可以達到某種共識了，妳可以把自己的這種感受推及別人，考慮一下被妳抱怨過的那些人是怎麼想的？」

瑪麗：「他們胡說。」

經理：「妳沒胡說過嗎？」

瑪麗：「當然沒有。」

經理：「可是別人這麼想，瑪麗。我希望從現在開始妳少發牢騷。妳影響了別人的工作。我並不是要求妳停止思考。如果運用正確的話，這本來是一種優秀的特質。我們總是可以設法把事情做得更好。如果妳發現有什麼事情不對，可以寫報告給我。但報告中要說明妳認為應當如何解決問題。光

員工抱怨要及時處理，別讓小問題變大麻煩

是挑剔是沒有用的，我們還需要知道該如何才能把事情辦得更好。」

瑪麗：「你真的願意聽取我的建議嗎？」

經理：「如果它們能改善我們的工作，我當然歡迎。」

作為一次警告員工不要再消極抱怨的談話，這次談話的時間可能看起來長了一點，但是你必須確切地說服對方加以改正。

在談話剛一開始時，經理讓瑪麗意識到抱怨是多麼沒有價值（瑪麗縱容自己大發雷霆，可是報告的丟失並不意味著她要付出額外的勞動）。其他員工對她的抱怨更使她感到震驚。這樣經理讓她停止自己所作所為的要求就顯得更有說服力了。

最後，經理採用了積極的方式來結束這次談話，他勸說瑪麗對她認為需要改進的事情應該提交書面的改善建議。也許她會接受這個建議，也許不會。

有時候，對付天生愛抱怨的人只有一個辦法──解僱。絕不能縱容一個可能毀掉整個部門士氣的員工。

電子書購買

爽讀 APP

國家圖書館出版品預行編目資料

被「開除」的老闆，別怪員工不認真：吝嗇投資、完美主義、緊迫盯人、過度干涉，別成為公司負面壓力的存在，適當放權進步更快！/ 蔡賢隆, 金躍軍 著 . -- 第一版 . -- 臺北市：財經錢線文化事業有限公司, 2024.10
面；　公分
POD 版
ISBN 978-626-408-043-9(平裝)
1.CST: 領導者 2.CST: 組織管理 3.CST: 職場成功法
494.21　　　　　　　113015666

被「開除」的老闆，別怪員工不認真：吝嗇投資、完美主義、緊迫盯人、過度干涉，別成為公司負面壓力的存在，適當放權進步更快！

臉書

作　　　者：蔡賢隆，金躍軍
發 行 人：黃振庭
出 版 者：財經錢線文化事業有限公司
發 行 者：財經錢線文化事業有限公司
E - m a i l：sonbookservice@gmail.com
粉 絲 頁：https://www.facebook.com/sonbookss/
網　　　址：https://sonbook.net/
地　　　址：台北市中正區重慶南路一段 61 號 8 樓
8F., No.61, Sec. 1, Chongqing S. Rd., Zhongzheng Dist., Taipei City 100, Taiwan
電　　　話：(02) 2370-3310　　傳　　　真：(02) 2388-1990
印　　　刷：京峯數位服務有限公司
律師顧問：廣華律師事務所 張珮琦律師

-版權聲明

本書版權為作者所有授權崧博出版事業有限公司獨家發行電子書及繁體書繁體字版。
若有其他相關權利及授權需求請與本公司聯繫。
未經書面許可，不得複製、發行。

定　　價：399 元
發行日期：2024 年 10 月第一版
◎本書以 POD 印製
Design Assets from Freepik.com